WUXIANDIAN

ZHUANGPEI

GONGYI

国家中职示范校电子专业课程系列教材

无线电装配工艺

李长丹　主编

知识产权出版社
全国百佳图书出版单位

图书在版编目（CIP）数据

无线电装配工艺 / 李长丹主编. — 北京：知识产权出版社, 2015.11
国家中职示范校电子专业课程系列教材 / 杨常红主编
ISBN 978-7-5130-3792-1

Ⅰ. ①无… Ⅱ. ①李… Ⅲ. ①无线电技术－中等专业学校－教材 Ⅳ. ①TN014

中国版本图书馆 CIP 数据核字(2015)第 221030 号

内容提要

本书是为了适应国家中职示范校建设的需要，为开展电子技术应用专业领域高素质、技能型才培养培训而编写的新型校本教材。本书共 5 个项目，10 个任务，25 个活动，主要内容包括整机装配常用元器件的识别与检测等。本书以项目为载体，以学生的认知规律为依据，采用由简单到复杂的规律设计教学项目和教学任务，并组织知识内容，尽量使每一个知识点都有实例可依，有项目可循，充分体现了"项目驱动、任务引领"的方式。本书有配套的电子教案及习题答案，可在牡丹江高级技工学校网站查阅。

本书可作为高技能人才培训基地、高职高专、技工院校电子技术应用专业、电工专业及相关专业无线电装配工艺教学用书，也可以作为电子产品制造企业和相关工程技术人员的培训教材。

责任编辑：彭喜英　　　　**责任出版：卢运霞**

国家中职示范校电子专业课程系列教材

无线电装配工艺

李长丹　主编

出版发行：知识产权出版社有限责任公司	网　址：http://www.ipph.cn
电　话：010-82004826	http://www.laichushu.com
社　址：北京市海淀区西外太平庄 55 号	邮　编：100081
责编电话：010-82000860 转 8539	责编邮箱：pengxyjane@163.com
发行电话：010-82000860 转 8101/8029	发行传真：010-82000893/82003279
印　刷：北京中献拓方科技发展有限公司	经　销：各大网上书店、新华书店及相关专业书店
开　本：880mm×1230mm　1/32	印　张：4.875
版　次：2015 年 11 月第 1 版	印　次：2015 年 11 月第 1 次印刷
字　数：139 千字	定　价：22.00 元

ISBN 978-7-5130-3792-1

牡丹江市高级技工学校

教材建设委员会

前　言

　　2013 年 4 月，牡丹江市高级技工学校被三部委确定为"国家中等职业教育改革发展示范校"创建单位。为扎实推进示范校项目建设，切实深化教学模式改革，实现教学内容的创新，使学校的职业教育更好地适应本地经济特色，学校广泛开展行业、企业调研，反复论证本地相关企业的技能岗位的典型任务与技能需求，在专业建设指导委员会的指导与配合下，科学设置课程体系，积极组织广大专业教师与合作企业的技术骨干研发和编写具有我市特色的校本教材。

　　示范校项目建设期间，我校的校本教材研发工作取得了丰硕成果。2014 年 8 月，《汽车营销》教材在中国劳动社会保障出版社出版发行。2014 年 12 月，学校对校本教材严格审核，评选出《零件的数控车床加工》《模拟电子技术》《中式烹调工艺》等 20 册能体现本校特色的校本教材。这套系列教材以学校和区域经济作为本位和阵地，在学生学习需求和区域经济发展分析的基础上，由学校与合作企业联合开发和编制。教材本着"行动导向、任务引领、学做结合、理实一体"的原则编写，以职业能力为核心，有针对性地传授专业知识和训练操作技能，符合新课程理念，对学生全面成长和区域经济发展也会产生积极的作用。

　　各册教材的学习内容分别划分为若干个单元项目，再分为若干个学习任务，每个学习任务包括任务描述及相关知识、操作步骤和方法、思考与训练等。适合各类学生学用结合、学以致用的学习模式和特点，适合于各类中职学校使用。

《无线电装配工艺》分为"整机装配常用元器件的识别与检测""印制电路板的装配与焊接""整机装配与调试""整机检验与包装""电子产品装配新技术"5个项目单元，共计12个学习任务，25个教学活动。本书在牡丹江安联设备开关公司工程师张旭、张明和牡丹江佳友电气有限公司工程师付起君、姜彤的合作指导下完成。限于时间与水平，书中不足之处在所难免，恳请广大教师和学生批评指正，希望读者和专家给予帮助指导！

牡丹江市高级技工学校校本教材编委会
2015 年 3 月 18 日

目　　录

项目一　整机装配常用元器件的识别与检测

任务一　电阻、电容、电感元件的识别与检测

活动 1　电阻元件的识别与检测

　　电阻是最常用、最基本的电子元件之一，利用电阻对电能的吸收作用，可使电路中各个元件按需要分配电能，稳定和调节电路的电流和电压。

　　在物理学中，用电阻来表示导体对电流阻碍作用的大小。导体的电阻越大，表示导体对电流的阻碍作用越大。不同的导体，电阻一般不同，电阻元件的电阻值大小还与温度有关。

一、电阻的分类

电阻器的种类很多，随着电子技术的发展，新型电阻器也日益增多。

1. 按阻值特性

可分为固定电阻、可调电阻、特种电阻（敏感电阻）。

2. 按制造材料

可分为碳膜电阻、金属膜电阻、线绕电阻、无感电阻、薄膜电阻等。

3. 按安装方式

可分为插件电阻、贴片电阻。

4. 按功能

可分为负载电阻、采样电阻、分流电阻、保护电阻等。

常用电阻器的外形及符号见表1－1－1。

表 1－1－1　常用电阻器的外形及图形符号

种类	名称	实物图	图形符号
固定电阻器	金属膜电阻器		
	碳膜电阻器		
	绕线电阻器		
可变电阻器	立式微调电位器		
	卧式微调电位器		
	普通电位器		
特殊电阻器	熔断电阻器		

续表

种类	名称	实物图	图形符号
特殊电阻器	消磁电阻器		
	压敏电阻器		
	水泥电阻器		
	热敏电阻器		

二、电阻器的主要参数

1. 标称阻值

标称在电阻器上的电阻值称为标称值。单位为 Ω、kΩ、MΩ，标称值是根据国家制定的标准系列标注的，而且不是生产者任意标定的，而且不是所有阻值的电阻器都存在。

2. 允许偏差

电阻器的实际阻值对于标称值的最大允许偏差范围称为允许偏差。偏差代码：J（±5%）、K（±10%）、I（±5%）、II（±10%）。

3. 额定功率

额定功率是指在规定的环境温度下，假设周围空气不流通，在长期连续工作而不损坏或基本不改变电阻器性能的情况下，电阻器上允许的消耗功率。常见的有 W/16、W/8、W/4、W/2、1W、2W、5W、10W。

4. 参数的识读

（1）直接标注法

直接标注法就是将电阻器的主要参数直接标注在电阻器的外表面上。

主要应用在大功率的电阻器上，比较直观，便于读数，如图 1－1－1 所示。

（2）文字符号法

文字符号法是将数字和文字组合在一起的表示方法。电阻器外表面上所标注文字符号前面的数字表示该电阻器的整数阻值，文字符号后面的数字表示小数点后面的阻值；单位由文字符号决定。主要应用在大功率的电阻上，比较直观，便于读数，如图 1－1－2 所示。

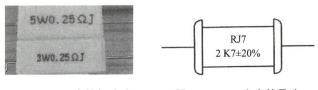

图 1－1－1　直接标注法　　　**图 1－1－2　文字符号法**

（3）色标法

色标法是利用不同颜色的色环在电阻器表面标出标称阻值及允许偏差的方法。主要应用在小型圆柱形电阻器上，标注清晰，易于看清，如图 1－1－3 所示。

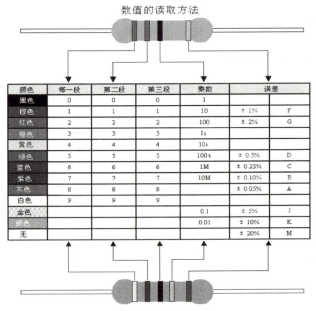

数值的读取方法

颜色	每一段	第二段	第三段	乘数	误差	
黑色	0	0	0	1		
棕色	1	1	1	10	± 1%	F
红色	2	2	2	100	± 2%	G
橙色	3	3	3	1k		
黄色	4	4	4	10k		
绿色	5	5	5	100k	± 0.5%	D
蓝色	6	6	6	1M	± 0.25%	C
紫色	7	7	7	10M	± 0.10%	B
灰色	8	8	8		± 0.05%	A
白色	9	9	9			
金色				0.1	± 5%	J
银色				0.01	± 10%	K
无					± 20%	M

图 1－1－3　色标法

（4）数码法

数码法是用三位数字表示元件的标称值。从左至右，前两位表示有效数位，第三位表示 10^n（$n=0\sim8$）。当 $n=9$ 时为特例，表示 10^{-1}。而标志是 0 或 000 的电阻器，表示跳线，阻值为 0Ω。主要应用于贴片元件的标注。

例如：

$$471=470\Omega \qquad 105=1M\Omega \qquad 2R2=2.2\Omega$$

三、 电阻器的检测

①将两表笔（不分正负）分别与电阻的两端引脚相接即可测出实际电阻值（为了提高测量精度，应根据被测电阻标称值的大小来选择量程）。

②读数与标称阻值之间分别允许有±5％、±10％或±20％的偏差。如不相符，超出偏差范围，则说明该电阻变值了。

③注意：测试时，特别是在测几十 $k\Omega$ 以上阻值的电阻时，手不要触及表笔和电阻的导电部分；在测量电路板上的电阻时，至少要焊开一个头，以免电路中的其他元件对测试产生影响，造成测量误差。

四、 电位器的检测

①万用表的欧姆挡测"1""2"两端，其读数应为电位器的标称阻值，如果相差很多，说明电位器已损坏。

②检测电位器的活动臂与电阻片的接触是否良好。用万用表的欧姆挡测"1""2"（或"2""3"）两端，将电位器的转轴按逆时针方向旋至接近"关"的位置，这时电阻值越小越好。再顺时针慢慢旋转轴柄，电阻值应逐渐增大，当轴柄旋至极端位置"3"时，阻值应接近电位器的标称值。

活动 2　电容元件的识别与检测

电容器是存储电能的元件，具有充放电特性和通交流、隔直流的能力。主要用于电源滤波、信号滤波、信号耦合、谐振、隔直流等电路中。

一、电容器的分类

1. 按照功能

可分为涤纶电容、云母电容、高频瓷介电容、独石电容、电解电容等。

2. 按照安装方式

可分为插件电容、贴片电容。

3. 按电路中电容的作用

可分为耦合电容、滤波电容、退耦电容、高频消振电容、谐振电容、负载电容等。

4. 按结构

可分为固定电容器、可变电容器和微调电容器。

常用电容器的外形及图形符号见表 1－1－2。

表 1－1－2　常用电容器的外形、符号

种类	名称	实物图	图形符号
固定电容器	瓷片电容器		
	涤纶电容器		

续表

种类	名称	实物图	图形符号
固定电容器	钽电容器		
	高压电容器		
	极性电容器		
可变电容器	双联同轴可变电容器		
微调电容器	半可变电容器		

二、 电容器的主要参数

1. 标称容量

电容器储存电荷的能力称为电容量，简称容量。电容器容量的基本单位是法拉，用 F 表示，其他单位还有：毫法（mF）、微法（μF）、纳法（nF）、皮法（pF）。

其中：$1F＝1000mF$，$1mF＝1000\mu F$；

$1\mu F＝1000nF$，$1nF＝1000pF$。

2. 允许偏差

电容器的实际电容量与标称电容量的允许最大偏差范围，称为电容器的允许谝差。偏差代码：J（±5％）、K（±10％）、Ⅰ（±5％）、Ⅱ（±10％）。

3. 额定电压

额定电压是指在规定温度范围内，可以连续加在电容器上而不损坏电容器的最大直流电压或交流电压的有效值。如果加在电容器上的工作电压大于额定电压，电容器将被击穿。

4. 参数的识读

电容的识别方法与电阻的识别方法基本相同，分为直接标注法、文字符号法、色标法和数标法 4 种。

（1）直接标注法

直接标注法就是将电容器的主要参数直接标注在电容器的外表面上。主要应用在大功率、耐压高的电容器上。

如 $10\mu F/16V$，$4700\mu F/50V$。

（2）文字符号法

文字符号法通常将标称容量的整数部分写在容量单位标志符号的前面，将小数部分写在容量单位标志符号的后面。

$1m=1000\mu F$， $1p2=1.2pF$，

$1n=1000pF$；

$p33=0.33pF$， $3U3=3.3UF$。

（3）色标法

与电阻器色标法的规定相同，其单位为皮法（pF），如图 1-1-4 所示。

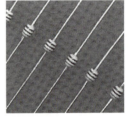

图 1-1-4　色标法

（4）数标法

数标法是用三位数字表示元件的标称值。从左至右，前两位表示有效数位，第三位表示 10^n（$n=0\sim8$）。当 $n=9$ 时为特例，表示 10^{-1}。它们的单位是皮法（pF）。

如：102 表示标称容量为 1000pF。

221 表示标称容量为 220pF。

229 表示标称容量为 $22\times10^{-1}pF=2.2pF$。

三、　电容器的检测

1. 固定电容器的检测

测量时要选择合适的万用表挡位，用两表笔分别任意接电容的两个引脚，阻值应为无穷大。若测出阻值为零，则说明电容漏电损坏或内部击穿。

2. 电解电容器的检测

将万用表红表笔接负极，黑表笔接正极，在刚接触的瞬间，万用表指针即向右偏转较大角度（对于同一电阻挡，容量越大，摆幅越大），接着逐渐向左回转，直到停在某一位置。此时的阻值便是电解电容的正向漏电阻，此值略大于反向漏电阻。实际使用经验表明，电解电容的漏电阻一般应在几百 kΩ 以上，否则，将不能正常工作。在测试中，若正向、反向均无充电的现象，即表针不动，则说明容量消失或内部断路；如果所测阻值很小或为零，说明电容漏电大或已击穿损坏，不能再使用。

活动 3　电感元件的识别与检测

具有自感作用的元器件称为电感器（电感线圈），具有互感作用的电感器称为变压器，在电子产品中起到交流电压变换、电流变换、传递功率和阻抗变换的作用。它们均是用绝缘导线（如漆包线、纱包线等）绕制而成的电磁感应元件。

电感器一般由骨架、绕组、屏蔽罩、封装材料、磁芯或铁芯等组成。

一、　电感器的分类

1. 按工作频率

可分为高频电感器、中频电感器和低频电感器。

2. 按用途

可分为振荡电感器、校正电感器、阻流电感器、滤波电感器、隔离电感器、补偿电感器、电源变压器、音频变压器、中周变压器、高频变压器等。

3．按结构

可分为线绕式电感器和非线绕式电感器，还可分为固定式电感器和可调式电感器。

4．按电感量是否可调

可分为固定电感器、可变电感器。

5．按磁芯材料

可分为空心电感器、铁芯电感器和磁芯电感器。

常用电感器的外形及图形符号见表1－1－3。

表1－1－3　常用电感器的外形、符号

种类	项目代号	实物图	图形符号
电源变压器	T		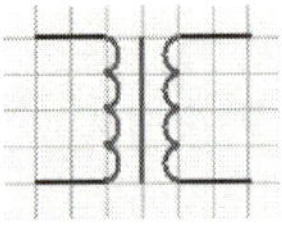
中周变压器	T	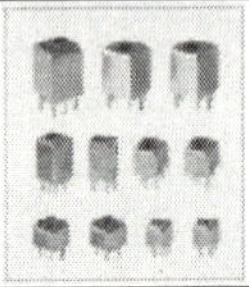	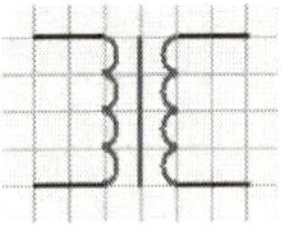
音频变压器	T		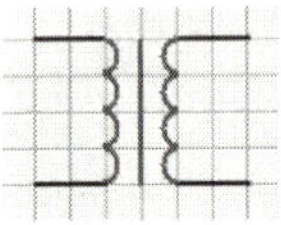
开关变压器	T		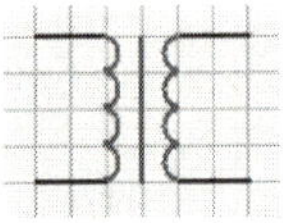
行输出变压器	T		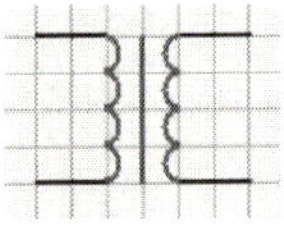

续表

种类	项目代号	实物图	图形符号
磁芯线圈	L		

二、 电感器的主要参数

电感器的主要参数有电感量、允许偏差、品质因数、分部电容及额定电流等。

1. 电感量

电感量也称自感系数,是表示电感器产生自感应能力的一个物理量。

电感器电感量的大小主要取决于线圈的圈数(匝数)、绕制方式、有无磁芯及磁芯的材料等。通常,线圈的圈数越多、绕制的线圈越密集,电感量就越大。有磁芯的线圈比无磁芯的线圈电感量大;磁芯导磁率越大的线圈,电感量也越大。

电感量的基本单位是亨利(简称亨),用字母"H"表示。常用的单位还有毫亨(mH)和微亨(μH),它们之间的关系是:

$$1H=1000mH, \qquad 1mH=1000\mu H.$$

2. 允许偏差

允许偏差是指电感器上标称的电感量与实际电感的允许误差值。

一般用于振荡或滤波等电路中的电感器要求精度较高,允许偏差为$\pm0.2\%\sim\pm0.5\%$;而用于耦合、高频阻流等线圈的精度要求不高,允许偏差为$\pm10\%\sim\pm15\%$。

3. 品质因数

品质因数也称Q值或优值,是衡量电感器质量的主要参数。它是指电感器在某一频率的交流电压下工作时,所呈现的感抗与其等效损耗电阻之比。电感器的 Q 值越高，其损耗越小，效率越高。

电感器品质因数的高低与线圈导线的直流电阻、线圈骨架的介质损耗及铁芯、屏蔽罩等引起的损耗等有关。

4. 分布电容、额定电流

分布电容是指线圈的匝与匝之间、线圈与磁芯之间存在的电容。电感器的分布电容越小，其稳定性越好。

额定电流是指电感器正常工作时允许通过的最大电流值。若工作电流超过额定电流，则电感器就会因发热而使性能参数发生改变，甚至还会因过流而烧毁。

三、电感器的检测

把万用表调到欧姆挡，接电感器两端检测：

①若被测电感器电阻值为零，其内部有短路性故障；

②若被测电感器直流电阻值的大小与绕制电感器线圈所用的漆包线径、绕制圈数有直接关系，只要能测出电阻值，则可认为被测色码电感器是正常的。

任务二 半导体器件的识别与检测

活动 1 半导体二极管的识别与检测

二极管的主要特性是单向导电性。常见二极管的外形与图形符号见表 1—2—1。

表 1—2—1 二极管的外形与图形符号

种类名称	实物图	图形符号
整流二极管		

续表

种类名称	实物图	图形符号
发光二极管	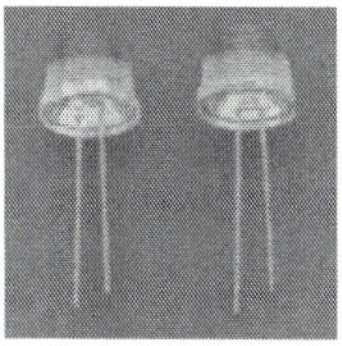	
稳压二极管	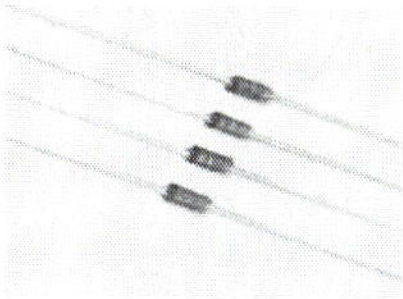	
变容二极管	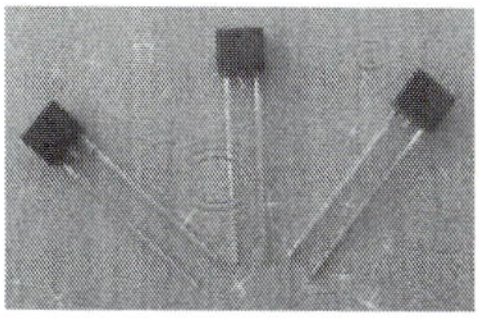	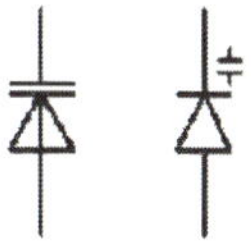
普通二极管	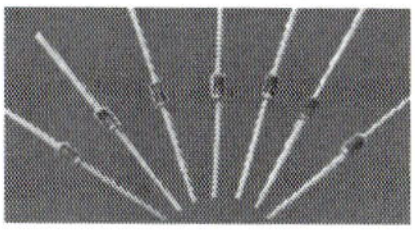	
数码管（发光二极管组合）	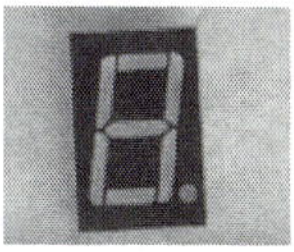	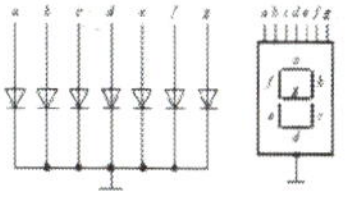 （共阴型）
双向二极管		

一、二极管的主要参数

1. 最大电流

指二极管长期连续工作时允许通过的最大正向电流值，其值与

PN 结面积及外部散热条件等有关。

2. 最高反向工作电压

加在二极管两端的反向电压高到一定值时，会将管子击穿，失去单向导电能力。

3. 反向电流

反向电流是指二极管在规定的温度和最高反向电压作用下，流过二极管的反向电流。反向电流越小，管子的单向导电性能越好。

二、 二极管的识别

1. 外观识别

从外观特征识别二极管见表1—2—1，其极性识别见图1—2—1。

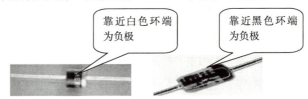

靠近白色环端为负极

靠近黑色环端为负极

图1—2—1　二极管极性识别

2. 型号标志识别

型号标志识别见表1—2—2。

表1—2—2　型号标志识别

序号	规格型号	种类名称
1	HZ9C1	稳压二极管
2	FR105	整流二极管
3	1N4148	箝位二极管

三、 二极管的检测

1. 用指针式的万用表

一般使用欧姆挡的 R×100、R×1k 挡。

（1）正向特性测试

把万用表的黑表笔（表内正极）搭触二极管的正极，红表笔（表内负极）搭触二极管的负极。若表针不摆到 0 值而是停在标度盘的中间，这时的阻值就是二极管的正向电阻，一般正向电阻越小越好。若正向电阻为 0 值，说明管芯短路损坏；若正向电阻接近无穷大值，说明管芯断路。短路和断路的二极管都不能使用。

（2）反向特性测试

把万用表的红表笔搭触二极管的正极，黑表笔搭触二极管的负极，若表针指在无穷大值或接近无穷大值，二极管就是合格的。

2. 用数字万用表检测

把万用表调到检测二极管的挡位，用红表笔和黑表笔分别接触被测二极管的两极（红笔接正极，黑笔接负极）；可显示二极管的正向压降。正常应显示：硅管 $0.500\sim0.700$V，锗管 $0.150\sim0.300$V。肖特基二极管的压降是 0.2V 左右，普通硅整流管约为 0.7V，发光二极管约为 $1.8\sim2.3$V。调换表笔，显示屏显示"1"则为正常，因为二极管的反向电阻很大，否则说明此二极管已被击穿。正测、反测均为 0 或者为 1，表明此二极管已损坏。

活动2 半导体三极管的识别与检测

三极管全称应为半导体三极管，也称双极型晶体管、晶体三极管，是一种利用电流控制电流的半导体器件，其作用是把微弱信号放大成幅值较大的电信号，也用作无触点开关。

一、 三极管的分类
①按材质分：硅管、锗管。
②按结构分：NPN、PNP。
③按功能分：开关管、功率管、达林顿管、光敏管等。
④按功率分：小功率管、中功率管、大功率管。
⑤按工作频率分：低频管、高频管、超频管。
⑥按结构工艺分：合金管、平面管。
⑦按安装方式分：插件三极管、贴片三极管。
常见三极管的外形与图形符号见表1—2—3。

表 1-2-3　三极管的外形与图形符号

种类	名称	实物图	图形符号
塑料封装	塑料封装小功率管		
	塑料封装大功率管		
金属封装	金属封装小功率管		
	金属封装大功率管		
贴片封装	贴片封装		

二、 三极管的直观识别

三极管的外观见图 1—2—2。

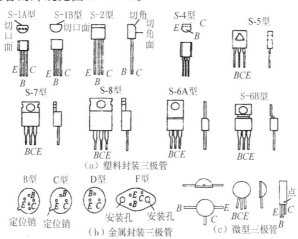

图 1—2—2

三、 三极管的检测

1. 指针式万用表检测三极管

（1）指针式万用表检测普通三极管

当使用指针式万用表判断普通三极管的三个电极、极性及好坏时，选择 R×100 或 R×1k 挡位。

①三颠倒，找基极：用黑表笔接一管脚（假定其为 B 极），红表笔分别接另外两管脚，测得两个电阻值，都较大或都较小；对换表笔，用红表笔接这一管脚，黑表笔分别接另外两管脚，测得两个电阻值，都较小或都较大（注：两次测量结果相反）。则说明三极管是好的，假定的管脚为基极。

②PN 结，定极型：黑表笔接触基极，红表笔分别接触另两个极时，万用表指示为低阻值，则该管为 NPN；反之，万用表指示为高阻值，则该管为 PNP。

三极管的内部等效图如图 1—2—3 所示，测量时要时刻想着此图，从而达到熟能生巧。

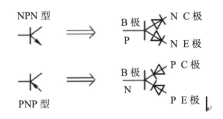

图 1-2-3 三极管的内部等效图

③判断集电极和发射极——顺箭头，偏转大；测不准，动嘴巴。

将指针式万用表欧姆挡置于"R×100"或"R×1k"处，以NPN管为例，把黑表笔接在假设的集电极 C 上，红表笔接到假设的发射极 E，并用手捏住 B 和 C 极（不能使 B、C 直接接触），通过人体，相当于在 B、C 之间接入偏置电阻，读出表头所示的阻值，然后将两表笔反接重测，如图 1-2-4 所示。若第一次测得的阻值比第二次小，说明原假设成立。

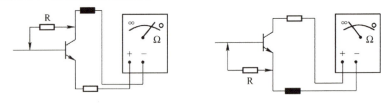

图 1-2-4 万用表判断集电集和发射集

④用万用表的 hFE 挡检测 β 值：将万用表拨到 hFE 挡。将被测晶体管的 C、B、E 三个引脚分别插入相应的插孔中，从表头读出该管的电流放大系数 β。

知识拓展：

一、三极管的主要参数

1. 电流放大系数 β

电流放大系数是电流放大倍数，用来表示三极管放大能力。根据三极管工作状态不同，电流放大系数又分为直流放大系数和交流放大系数。

直流放大系数是指在静态未输入变化信号时，三极管集电极电流 I_C 和基极电流 I_B 的比值，故又称为直流放大倍数或静态放大系数，一般用 h_{FE} 或 β 表示。

交流电流放大系数也叫动态电流放大系数或交流放大倍数，是指在交流状态下，三极管集电极电流变化量与基极电流变化量的比值，一般用 β 表示。β 是反映三极管放大能力的重要指标。

2. 耗散功率 P_{CM}

耗散功率也叫集电极最大允许耗散功率 P_{CM}，是指三极管参数变化不超过规定允许值时的最大集电极耗散功率。

3. 频率特性

三极管的电流放大系数与工作频率有关，如果三极管超过了工作频率范围，会造成放大能力降低，甚至失去放大作用。

4. 集电极最大电流 I_{CM}

集电极最大电流是指三极管集电极所允许通过的最大电流。集电极电流 I_C 上升会导致三极管的 β 下降，当 β 下降到正常值的 2/3 时，集电极电流即为 I_{CM}。

5. 最大反向电压

最大反向电压是指三极管在工作时所允许加的最高工作电压。最大反向电压包括集电极-发射极反向击穿电压 U_{CEO}、集电极-基极反向击穿电压 U_{CBO}，以及发射极-基极反向击穿电压 U_{EBO}。

6. 反向电流

三极管的反向电流包括集电极-基极之间的反向电流 I_{CBO} 和集电极-发射极之间的反向电流 I_{CEO}。

二、三极管的选用

1. 一般小功率三极管的选用

选用三极管时，首先要搞清楚电子电路的工作频率大概是多少，工程设计中一般要求三极管的特征频率是实际工作频率的 3 倍。所以可按照此要求来选择三极管的特征频率。

小功率三极管 BVCEO 的选择可以根据电路的电源电压来决定，一般情况下只要三极管的 BVCEO 大于电路中电源的最高电压即可。当三极管的负载是感性负载，如变压器、线圈等时，BVCEO 数值的选择要慎重，感性负载上的感应电压可能达到电源电压的2~8倍

（如节能灯中的升压三极管）。

　　一般小功率三极管的 I_{CM} 在 30～50mA 之间，对于小信号电路一般可以不予考虑。但对于驱动继电器及推动大功率音箱的管子要认真计算一下。当然首先要了解继电器的吸合电流是多少毫安，以此来确定三极管的 I_{CM}。

　　当估算了电路中三极管的工作（工作总结）电流（即集电极电流），又知道了三极管集电极到发射极之间的电压后，就可根据 $P = U×I$ 来计算三极管的集电极最大允许耗散功率 P_{CM}。

　　2. 大功率三极管的选用

　　对于大功率三极管，只要不是高频发射电路，都不必考虑三极管的特征频率 f_T。对于三极管的集电极-发射极反向击穿电压，BV-CEO 这个极限参数的考虑与小功率三极管是一样的。集电极最大允许电流 I_{CM} 的选择主要也是根据三极管所带的负载情况而计算的。三极管的集电极最大允许耗散功率 P_{CM} 是大功率三极管重点考虑的问题，需要注意的是，大功率三极管必须有良好的散热器。即使是一只四五十瓦的大功率三极管，在没有散热器时，也只能经受二三瓦的功率耗散。大功率三极管的选择还应留有充分的余量。另外，在选择大功率三极管时还要考虑它的安装条件，以决定选择塑封管还是金属封装的管子。

　　如果你拿到一只三极管又无法查到它的参数，可以根据它的外形来推测一下它的参数。目前小功率三极管最多见的是 TO－92 封装的塑封管，也有部分是金属壳封装。它们的 P_{CM} 一般在 100～500mW 之间，最大的不超过 1W。它们的 I_{CM} 一般在 50～500mA 之间，最大的不超过 1.5A。而其他参数是不好判断的。

活动 3　光电器件的识别与检测

　　光电技术的历史实际上比电子技术的还要早，20 世纪初，爱因斯坦就凭借光电效应的发现而获得诺贝尔奖。随着现代科学技术的发展，光电技术重新焕发了青春，各种新型器件不断涌现，光电技术已渗入到现代科技和生活的各个领域，成为遥控技术和信息传输技术中不可或缺的重要技术之一。

光电技术的核心是光电子器件，它包括3大类：光电转换器件、电光转换器件、兼有前两者之特性的光耦合器件。光电器件能将光辐射转变为电信号，常见的有光敏二极管、光敏晶体管、太阳电池等。

电光器件则正好相反，它能将电信号转变为光辐射，常见的有发光二极管（LED）、红外二极管、光敏二极管、光敏晶体管、光耦合器、电视机中的显像管、计算机的显示器等。近些年发展起来的液晶显示技术和等离子显示技术，也是光电技术的一个分支。从液晶电子手表、液晶显示计算器、移动电话，甚至液晶电视机、便携式计算机，都广泛应用了液晶技术。

一、发光二极管

发光二极管（LED）是一种将电能转化为光能的半导体器件，有发出可见光、不可见光、激光等类型。LED与普通二极管一样，具有单向导电性，但它的开启电压比普通二极管的大，一般为 $1.7\sim2.4\text{V}$ 。

1. LED管的分类

LED按光谱分类，可分为可见光和不可见光两种；按发光颜色分类，可分为红、绿、黄、橙、蓝等；按LED的发光亮度分类，可分为一般亮度和高亮度两种；按发光效果分类，可分为变色和单色；按LED的功率分类，可分为小功率、中功率和大功率；按LED的外形分类，可分为圆形、方形、矩形和异形；按照LED的封装分类，可分为塑封和金属壳封装。

2. LED的主要参数

LED的主要参数有最大工作电流 I_{fm} 和最大反向电压 U_{rm} 。最大工作电流 I_{fm} 指LED长期正常工作所允许通过的最大正向电流。在使用LED时，LED中的电流不能超过此值，否则会烧坏发光二极管。最大反向电压 U_{rm} 是指LED在不被击穿的前提下，所能承受的最大反向电压。LED 的最大反向电压 U_{rm} 一般在 5V 左右，使用中不应使 LED 承受超过 5V 的反向电压，否则 LED 将可能被击穿。

用不同半导体材料做成的 LED，可发出不同颜色的光，例如，磷化镓 LED 发出绿色或黄色光，砷化镓 LED 发出红色光。LED 因其具有驱动电压低、功耗小、寿命长、可靠性高等优点广泛用于显示电路中。

近年来，用高亮度 LED 做成的节能灯泡，已经应用于汽车照明和家庭室内照明，有广泛的应用前景。LED 的符号如图 1－2－5 所示。

LED 的光谱范围是比较窄的，光的颜色取决于不同的化合物。LED 常用作显示器件，除单个使用外，也常做成七段式或矩阵式，LED 的工作电流一般为几毫安至十几毫安。

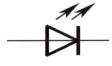

图 1－2－5　LED 的符号

随着技术的进步，现在已经有双色 LED、变色 LED 和自闪光 LED 问世，极大地丰富了 LED 的家族，使得 LED 的应用越来越广泛。

双色 LED 是将两种发光颜色（常见的为红色、绿色）的管芯 VD1 和 VD2 反向并联封装在一起，当工作电压为左正右负时，电流通过 VD1，使其发红色光；当工作电压为左负右正时，电流通过 VD2，使其发绿色光。

变色 LED 实际上是在一个管壳内装了两只 LED VD1 和 VD2 的管芯，一只是红色的，另一只是绿色的，两管的负极连在一起作为 2 脚接地，另外有两个极：1 脚和 3 脚。当 1 脚接入工作电压时，电流通过 VD1 使其发红光；当 3 脚接入工作电压时，电流通过 VD2 使其发绿光；当 1、3 脚同时接入工作电压时，LED 发出橙色光；当两个电流的比例不同时，LED 的发光颜色在红、橙、绿之间变化，这就是变色 LED 的工作原理。

自闪 LED 是一种特殊的发光器件，它与普通 LED 的主要区别就是当给自闪 LED 两端加上额定的工作电压后，就可自行产生闪烁光，颜色有红、橙、黄、绿 4 种，具有较强的视觉感，现在广泛应用在各种电动玩具上。

自闪 LED 其实是由一块 CMOS 集成电路和一只 LED 组合而成的。CMOS 集成电路内部包括振荡器、分频器和驱动器。当接上3～5V 的直流电源后，振荡器即可起振，经分频后获得一个在1.3～5.2Hz 范围内的固定频率，再经放大后，驱动 LED 发出闪烁光。

3．LED 的检测

（1）用指针式的万用表

把指针万用表调到 R×10k 挡，用红表笔和黑表笔分别接触被测二极管的两极（黑笔接正极，红笔接负极），这时二极管会发光，它就是正常的，见图1—2—6。

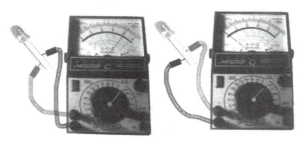

图1—2—6　　用万用表检测 LED

（2）用数字万用表检测

把数字万用表调到检测二极管的挡位，用红表笔和黑表笔分别接触被测二极管的两极（红笔接正极，黑笔接负极），这时二极管会发光，它就是正常的。

二、光敏电阻器

光敏电阻器是应用半导体光电效应原理制成的一种器件。当半导体受光照时，产生大量的空穴和电子，空穴和电子在复合之前由一电极到达另一电极，从而使光电导体的电阻率发生变化。光敏电阻器在无光线照射时呈高阻态；当有光线照射时，其电阻迅速减小。现在广泛应用在楼房走廊内的声光两控节能灯，就使用了光敏电阻器。

光敏电阻器的检测方法很简单，用指针式万用表检测光敏电阻器的阻值，同时改变光敏电阻器的受光情况，会看到万用表指针随光照度的变化而摆动，若摆动很小或基本不动，则可判定该光敏电阻器失效。

三、 光敏二极管

光敏二极管又叫做光电二极管，是将光能转换成电能的器件，其构造与普通二极管相似，不同点是在管壳上有个入射光窗口，可将接收到的光线聚焦到半导体芯片上。在无光照时，光敏二极管与普通二极管一样具有单向导电性，如果外加正向电压，其电流与端电压呈现指数关系，若外加反向电压，则会呈现出较大的电阻；在有光照时，光敏二极管上如果仍加反向电压，将会产生与光照成正比的电流，这个电流被称为光电流。光敏二极管的符号如图1－2－7所示。

光敏二极管可用万用表的"R×1k"挡测量，光敏二极管的正向电阻约为10kΩ。当无光照射时，反向电阻为∞，说明管子是好的；当有光照射时，反向电阻随光的强度增加而减小，阻值可减小到几千欧或1kΩ以下，则管子是好的；若反向电阻为∞或0，则管子是坏的。

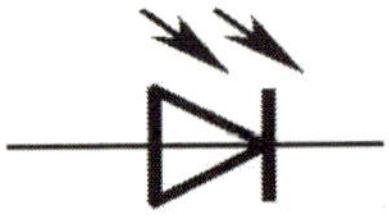

图1－2－7 光敏二极管的符号

四、 光敏晶体管

光敏晶体管是一种相当于在基极和集电极接入光敏二极管的晶体管。为了对光有良好的响应，其基区面积比发射区面积大得多，以扩大光照面积。光敏晶体管的管脚有三个，也有两个的，在两个管脚的管子中，透明窗口即为基极。其等效电路和符号如图1－2－8所示。

为了进一步扩大光敏晶体管的灵敏度，人们制造了达林顿型光敏晶体管。当达林顿型光敏晶体管受到光照时，等效光敏二极管将光信号转换成电信号，此电信号被两级晶体管放大，因此，总放大倍数相当于两只晶体管放大倍数的乘积，所以灵敏度比普通光敏晶体管要高得多，通常光电流可达几十毫安以上。

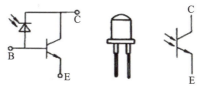

图 1-2-8　光敏晶体管的等效放电路和符号

光敏晶体管的检测可以按照下列步骤进行。

①将万用表置于"R×1k"挡，测量光敏晶体管两个极间的电阻，此时用一个物体将光敏晶体管的透明窗口遮住，这时万用表的读数应为无穷大。

②移去遮光体，使光敏晶体管的透明窗口朝向光源，这时万用表的表针应该向右偏转至 1kΩ 左右，表针偏转得越大，管子的灵敏度就越高，这样的管子就是好的。

五、　光耦合器

光耦合器是把 LED 和光敏晶体管组装在一起而成的电光电转换器件，其主要原理是以光为介质，实现了电-光-电的传递与转换。其等效电路和符号如图 1-2-9 所示。

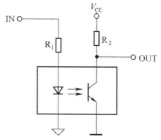

图 1-2-9　光耦合器的等效电路和符号

在光耦合电路中，为了切断干扰的传输途径，电路的输入回路和输出回路必须各自独立，不能共地。由于光耦合器是一种以光为介质传送信号的器件，实现了输出端与输入端的电气绝缘（绝缘电

阻大于 $10^{19}\Omega$），耐压在 1kV 以上；光耦合器的特点可以记做：电气隔离、信号传输。光耦合器为单向传输，无内部反馈，抗干扰能力强，尤其是抗电磁干扰能力强，是一种广泛应用于微机检测和控制系统中光电隔离的新型器件，在 PLC 中有广泛的应用。

光耦合器的检测可以按照下列步骤进行。

（1）测量光耦合器的输入部分

将万用表置于"R×1k"挡，测量光耦合器的两个输入端。光耦合器的两个输入端之间其实就是一个 LED，所以只要测出这个 LED 的正、反向电阻，就可以判断输入端的好坏。

（2）测量光耦合器的输出部分

在输入端悬空的前提下，用万用表测量光耦合器的两个输出端的正、反向电阻，此时万用表的表针应该指示无穷大。

（3）检测光耦合器的传输特性

最简单的测量方法是采用双电表法。用两只万用表同时分别测量光耦合器的输入端和输出端的电阻。当测量光耦合器的输入端电阻指示读数比较小时，测量光耦合器的输出端的电阻指示读数也比较小。这就说明输出端接收到了光信号，并且将信号放大了。

（4）检测光耦合器的绝缘电阻

将万用表置于"R×10k"挡，测量光耦合器的任意一个输入端和任意一个输出端之间的电阻，均应为无穷大。说明光耦合器的绝缘性能比较好。

活动 4　场效应管的识别与检测

一、概述

①场效应管是电压控制型半导体器件。特点：输入电阻高（$10^7 \sim 10^9\Omega$）、噪声小、功耗低、无二次击穿，特别适用于高灵敏度和低噪声的电路。

②场效应管和三极管一样能实现信号的控制与放大，但构造和原理完全不同，二者差别很大。

③普通三极管是电流控制型（iB～iC）元件，工作时，多数载流子和少数载流子都参与运行，所以称为双极性晶体管；场效应管是电压控制型器件（uGS～iD），工作时，只有一种载流子参与导电，是单极性晶体管。

二、场效应管外形图

1. 塑料封装场效应管

塑料封装场效应管的外形见图 1－2－10。

图 1－2－10　塑料封装场效应管

2. 金属封装场效应管

金属封装场效应管的外形见图 1－2－11。

图 1－2－11　金属封装场效应管

3. 场效应管引脚的识别

场效应管引脚的识别见图 1－2－12。

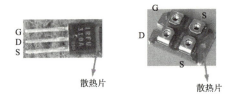

图 1－2－12　场效应管引脚的识别

三、 用指针式万用表检测场效应管

将万用表的量程选择在 R×1k 挡，分别测量场效应管三个管脚之间的电阻值，若某脚与其他两脚之间的电阻值均为无穷大时，并且在交换表笔后仍为无穷大时，则此脚为 G 极，其他两脚为 S 极和 D 极，然后再用万用表测量 S 极和 D 极之间的电阻值，交换表笔后再测量一次，其中阻值较小的一次，黑表笔接的是 S 极，红表笔接的是 D 极。

活动 5　　**晶闸管的识别与检测**

晶闸管又叫可控硅，是一种大功率半导体器件（图 1－2－13），具有体积小、重量轻、容量大、效率高、控制灵敏等优点。晶闸管具有硅整流器件的特性，能在高电压、大电流条件下工作，工作过程可以控制，被广泛应用在可控整流、交流调压、无触点电子开关、逆变及变频等电子电路中。

晶闸管有多种分类方法。晶闸管按关断、导通及控制方式，可以分为单向晶闸管、双向晶闸管、逆导晶闸管、门极关断（可关断）晶闸管（GTO）、BTG 晶闸管、温控晶闸管、快速晶闸管、逆导晶闸管及光控晶闸管等多种；按引脚极性可分为二极晶闸管、三极晶闸管和四极晶闸管；按封装形式可分为金属封装晶闸管、塑料封装晶闸管和陶瓷封装晶闸管。

图1-2-13　晶闸管

一、单向晶闸管

如图1-2-14所示，单向晶闸管是一种由PNPN四层半导体材料构成的三端半导体器件，三个引出电极分别是阳极A、阴极K和控制极G（又称门极或触发极）。单向晶闸管的阳极与阴极之间具有单向导电的性能。

单向晶闸管导通必须具备两个条件：阳极A和阴极K之间加上正向电压；控制极G和阴极K之间必须加上一定大小的正向触发电压。

晶闸管的检测：用指针式万用表检测晶闸管。

图1-2-14
单向晶闸管

1. 单向晶闸管极性的判断

单向晶闸管的三个引脚可用指针式万用表R×1k挡或R×100Ω挡来判别。根据单向晶闸管的内部结构可知：G、K之间相当于一个二极管，G为二极管正极，K为负极，所以分别测量各引脚之间的正反电阻。如图1-2-15所示，如果测得其中两引脚的电阻较大（如90kΩ），对调两表笔，再测这两个引脚之间的电阻，阻值又较小（如2.5kΩ），这时万用表黑表笔接的是G极，红表笔接的是K极，剩下的一个是A极。

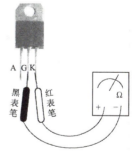

图1-2-15　单向晶闸管极性判断

2. 单向晶闸管触发能力的判断

如图1-2-16所示，对1～10A的晶闸管，可用万用表的R×1挡，红表笔接A极，黑表笔接K极，表针不动；然后使红表笔与A极相接的情况下，同时与控制极G接触。此时可从万用表的指针上看到晶闸管的 A－K 之间的电阻值明显变小，指针停在几欧到十几欧处，晶闸管因触发处于导通状态。给 G 极一个触发电压后离开，仍保持红表笔接 A 极，黑表笔接 K 极，若晶闸管处于导通状态不变，则表明晶闸管是好的；否则，晶闸管可能是损坏的。

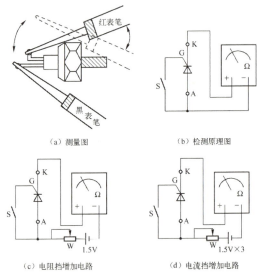

（a）测量图　　　　　　　（b）检测原理图

（c）电阻挡增加电路　　　　（d）电流挡增加电路

图 1－2－16　单向晶闸管触发能力判断

对 10～100A 的晶闸管，其处于大电流的控制极，触发电压、维持电流都应增大，万用表的 R×1 挡提供的电流低于维持电流，使得导通情况不良，此时可按图 1－2－16（c）所示增加可变电阻 W（阻值选取200～390Ω）和 1.5V 电池相串。测量方法同上。

对 100A 以上的晶闸管，其处于更大电流的控制极，触发电压、维持电流也更大。此时可采用图 1－2－16（d）所示的电路进行测试，万用表置于直流电流 500mA 挡。测量方法同上。

二、双向晶闸管

双向晶闸管是在单向晶闸管的基础上研制的一种新型半导体器件。双向晶闸管是由 NPNPN 五层半导体材料构成的三端半导体器件，三个电极分别是主电极 T_1、主电极 T_2 和控制极 G（图 1－2－17）。双向晶闸管的阳极与阴极之间具有双向导电的性能，其内部电路可以等效为由两只单向晶闸管反向并联组成的复合管。

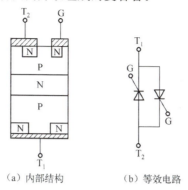

（a）内部结构　　　　（b）等效电路

图 1－2－17　双向晶闸管

指针式万用表检测双向晶闸管的方法如下。

①首先确定主电极 T_2，控制极 G 与主电极 T_1 之间的距离较近，其正反向电阻都较小。用万用表 R×1Ω 挡测量 G、T_1 两脚之间的电阻时，表针偏转幅度较大，而 G～T_2、T_1～T_2 之间的正反向电阻均为无穷大。这表明，如果测出某脚和其他两脚都不通，就能确定该脚为 T_2 极。有散热板的双向晶闸管 T_2 极往往与散热板连通。

②确定 T_2 极之后，假设剩下两脚中某一脚为 T_1 极，另一脚为 G 极，将黑表笔接假设 T_1 极，红表笔接 T_2 极，并在黑表笔不断开与 T_1 极连接的情况下，把 T_2 极与假设 G 极瞬时短接一下（给 G 极加上负触发信号），万用表指针向右偏转，说明管子已经导通，导通方向为 T_1→T_2，上述假设的两极正确。如果万用表没有指示，电阻值仍为无穷大，说明管子没有导通，假设错误，可改变两极假设，连接表笔再测。

③把红表笔接 T_1 极，黑表笔接 T_2 极，然后使 T_2 极与 G 极瞬时短接一下（给 G 极加上正触发信号），电阻值仍较小，证明管子再次导通，导通方向为 T_2→T_1。

如果无论按哪种假设去测量，都不能使双向晶闸管触发导通，证明管子已损坏。

三、 可关断晶闸管

单、双向晶闸管一旦导通，控制极就失去了控制作用。在晶闸管的工作电流小于维持电流后，晶闸管才能截止。可关断晶闸管的工作状态与它们不同，控制极既对导通电流有控制作用，也能触发管子由截止变为导通，还能控制管子由导通变为截止，突出地表现了可关断的特点，因此称为可关断晶闸管。主要用于逆变器、直流断续器等需要强迫关断的地方，可以简化主电路。

活动 6 集成电路的识别与检测

集成电路是一种采用特殊工艺，将晶体管、电阻、电容等元件集成在硅片上而形成的具有特定功能的器件，英文：Integrated Circuit，缩写 IC，俗称芯片。集成电路能执行一些特定的功能，如放大信号或存储信息。集成电路体积小、功耗低、稳定性好。集成电路是衡量一个电子产品是否先进的主要标志。

一、 集成电路的类型

集成电路按功能可分为模拟集成电路和数字集成电路。模拟集成电路主要有运算放大器、功率放大器、集成稳压电路、自动控制集成电路和信号处理集成电路等；数字集成电路按结构不同可分为双极型和单极型电路。其中，双极型电路有：DTL、TTL、ECL、HTL 等；单极型有：JFET、NMOS、PMOS、CMOS 四种。

二、 集成电路的封装

（1）集成电路的封装形式有晶体管式封装、插入式封装（图1－2－18）和表面贴装式封装（图1－2－19）。

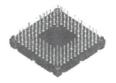
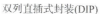

双列直插式封装(DIP)	晶体管外形封装(TO)	插针网格阵列封装(PGA)

图 1－2－18 插入式封装

典型的表面贴装式如晶体管外形封装（D－PAK）、小外形晶体管封装（SOT）、小外形封装（SOP）、方形扁平封装（QFP）、塑封有引线芯片载体（PLCC）等。

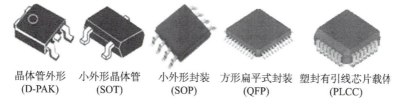

晶体管外形 (D-PAK)	小外形晶体管 (SOT)	小外形封装 (SOP)	方形扁平式封装 (QFP)	塑封有引线芯片载体 (PLCC)

图 1－2－19 表面贴装式封装

（2）集成电路的引脚排列次序有一定规律，一般是从外壳顶部向下看，从左下角按逆时针方向读数，其中第一脚附近一般有参考标志，如缺口、凹坑、斜面、色点等。如图 1－2－20 所示，引脚排列的一般顺序为：

①缺口：在集成电路的一端有一半圆形或方形的缺口。

②凹坑、色点或金属片：在集成电路一角有一凹坑、色点或金属片。

③斜面、切角：在集成电路一角或散热片上有一斜面切角。

④无识别标记：整个集成电路无任何识别标记，一般可将集成电路型号面面对自己，正视型号，从左下向右逆时针依次为 1、2、3……

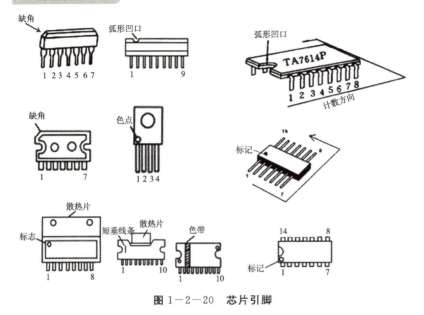

图 1－2－20　芯片引脚

三、集成电路的检测

1. 包括集成电路的基本检测方法

在线检测与脱机检测（图 1－2－21）。

①在线检测：测量集成电路各脚的直流电压，与标准值比较，判断集成电路的好坏。

②脱机检测：测量集成电路各脚间的直流电阻，与标准值比较，判断集成电路的好坏。

测得的数据与集成电路资料上的数据相符，则可判定集成电路是好的。

2. 在线检测的技巧

在线检测集成电路各引脚的直流电压，为防止表笔在集成电路各引脚间滑动造成短路，可将万用表的黑表笔与直流电压的"地"端固定连接，方法是在"地"端焊接一段带有绝缘层的铜导线，将铜导线的裸露部分缠绕在黑表棒上，放在电路板的外边，防止与板上的其他地方连接。这样用一只手握住红表棒，找准欲测量集成电路的引脚，另一只手可扶住电路板，保证测量时表笔不会滑动。

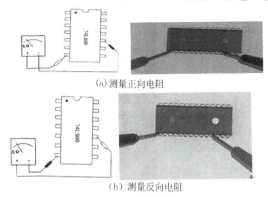

(a)测量正向电阻

（b）测量反向电阻

图1—2—21　集成电路检测

3.集成电路的替换检测

当集成电路整机线路出现故障时，检测者往往用替换法来进行集成电路的检测。用同型号的集成块进行替换试验是见效最快的一种检测方法。

但是要注意，若因负载短路使大电流流过集成电路造成损坏，在没有排除短路故障的情况下，用相同型号的集成块进行替换实验，其结果是造成集成块的又一次损坏。因此，替换实验的前提是必须保证负载不短路。

活动 7　压电器件的识别与检测

一、　石英谐振器

石英晶体又称为石英谐振器，它是利用石英的"压电"特性而按特殊切割方式制成的一种电谐振元件。石英晶体元件具有性能稳定、品质因数高、体积小等优点，其外形及电路符号如图1—2—22所示。

1.石英晶体元件的结构及性能

石英晶体元件由石英晶片、晶片支架、外壳等构成。石英晶体元件在电路中的作用相当于一个高 Q 值的 LC 谐振元件。因切割石英晶体时的方位不同，切割出来的石英晶片也不相同，常见的切型有 AT、BT、DT、X、Y 等。不同切型的石英晶片，其性能不同，特别是对频率的温度特性差别较大。晶片支架用于固定晶片及引出电极，晶片支架有焊线式和夹紧式两种。石英晶体元件的封装外壳有玻璃真空密封型、金属壳封装型、陶瓷外壳封装型及塑料外壳封装型等。石英晶体元件一般有两个电极，但也有多电极式的封装。

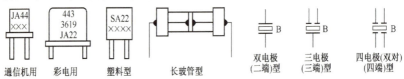

图 1－2－22　石英谐振器的外形和电路符号

2. 石英晶体元件的种类和主要参数

（1）石英晶体元件的种类

石英晶体元件按封装外形有金属壳、玻璃壳、胶木壳和塑封等几种；按石英晶体元件的频率稳定度分，有普通型和高精度型，被广泛应用于彩电、手机、手表、电台、DVD 机等。尽管石英晶体元件的分类形式较多，但彼此间的性能差别不大，只要体积及性能参数基本一致，许多石英晶体元件都可以互换使用。

（2）石英晶体元件的主要参数

石英晶体元件的主要参数有：标称频率、工作温度、频率偏移、温度系数、负载电容、激励电平等。

①标称频率。在石英晶体成品上标有一个标称频率，当电路工作在这个标称频率时，其频率稳定度最高。这个标称频率通常是在成品出厂前，在石英晶体上并接一定的负载电容条件下测定的。

②负载电容。所谓石英晶体的负载电容，是指从晶体的插脚两端沿振荡电路的方向看过去的等效电容，即指与晶振插脚两端相关联的集成电路内部及外围的全部有效电容之和。

3. 石英晶体元件的命名

国产石英晶体元件的型号命名由 3 部分组成。第 1 部分用字母表示外壳材料及形状，如用 J 表示金属外壳，S 表示塑料外壳，B 表示玻璃外壳等。第 2 部分用字母表示晶体片的切割方式，如 A 表示晶体切型为 AT 型，B 表示晶体切型为 BT 型等。第 3 部分用数字表示石英晶体元件的主要参数性能及外形尺寸，如用 4.43361875 表示石英晶体元件的标称工作频率。

4. 石英晶体元件的检测

检测石英晶体通常采用以下几种方法，在实际维修中更为常用的是用代换法来判断石英晶体的好坏。

（1）电阻法

将万用表置于 "R×10k" 挡，测量石英晶体两引脚之间的电阻值，应为无穷大。若实测电阻值不为无穷大，甚至出现电阻为零的情况，则说明晶体内部存在漏电或短路性故障。

（2）在路测压法

现以鉴别彩电遥控器晶体好坏为例，介绍此法的具体操作。

将遥控器后盖打开，找到晶体所在位置和电源负端（一般彩电遥控器均采用两节 1.5V 干电池串联供电）；把万用表置于直流 10V 电压挡，黑表笔固定接在电源的负端。

先在不按遥控键的状态下，用红表笔分别测出晶体两引脚的电压值，在正常情况下，一只脚为 0V，另一只脚为 3V（供电电压）左右；然后按下遥控器上的任一功能键，再用红表笔分别测出晶体两引脚的电压值，在正常情况下，两脚电压均为 1.5V（供电电压的一半）左右。若所得数值与正常值差异较大，则说明晶体工作不正常。

（3）电笔测试法

用一支试电笔将其刀头插入交流电的火线孔内，用手捏住晶体的任一只引脚，将另一只引脚触碰试电笔顶端的金属部分，若试电笔氖管发光，说明晶体是好的，否则，说明晶体已损坏。

二、陶瓷元件、声表面波滤波器和霍尔元件

陶瓷元件与石英晶体元件一样，也是利用 "压电" 效应制成的一种元件，在无线电接收设备中运用非常广泛，如在彩电的中频放大电路中都采用了不同类型的陶瓷元件。

1. 陶瓷元件

（1）陶瓷元件的结构及特点

陶瓷元件是在由锆钛酸铅陶瓷材料制成的薄片两边镀上金属银层，然后在银层上做出电极引线，最后用塑料等材料封装而成。陶瓷元件的基本结构、工作原理、特性、等效电路等与石英晶体元件相似，但其频率精度、频率稳定性等指标比石英晶体元件要差一些。

（2）陶瓷元件的分类及命名方式

陶瓷元件按用途和功能，可分为陶瓷陷波器、陶瓷滤波器、陶瓷鉴频器、陶瓷谐振器等；按其引出的电极数目分为两电极陶瓷元件、三电极陶瓷元件和四电极以上的多电极陶瓷元件。陶瓷元件一般采用塑料壳封装或复合材料封装形式，也有的采用金属壳封装形式。

（3）陶瓷元件的主要参数及更换

陶瓷元件的主要参数有标称频率、插入损耗、陷波深度、失真度、鉴频输出电压、通带宽度、谐振阻抗等，选用和更换陶瓷元件时只要其型号和标称频率一致即可。

2. 声表面波滤波器（SAWF）

声表面波滤波器（SAWF）是一种集成滤波器，它利用"压电"和"反压电"的原理进行信号的传播。不同频率的信号在 SAWF 中换能的能力不同，从而形成了对不同频率信号的滤波作用。

（1）声表面波滤波器（SAWF）的结构

声表面波滤波器由压电晶体基片及输入换能器、输出换能器组成。压电晶体通常由铌酸锂材料制成，换能器呈叉指形，它将电压信号转换成机械波，再将机械波转换成电压信号。叉指形换能器的几何尺寸和形状决定了滤波器的通频带特性。

声表面波滤器（SAWF）的特点是：选择性好，吸收深度可达 $-35 \sim -40$dB；幅频特性及相频特性好，且无须调整；温度稳定性好，不易老化；过载能力强，不会因为输入信号的大小而引起频率特性的变化。但它也存在插入损耗大、传输效率低和有 3 次反射等缺点。

（2）声表面波滤波器（SAWF）的主要参数

声表面波滤波器（SAWF）的主要参数有：中心频率、带宽、矩形系数、插入损耗、最大带外抑制、幅度波动、线性相位偏移等。

3. 霍尔元件

（1）霍尔元件的特性

利用霍尔效应制成的半导体元件叫霍尔元件。所谓霍尔效应是指当半导体上通过电流，且电流的方向与外界磁场方向垂直时，在垂直于电流和磁场的方向上产生霍尔电动势的现象。

（2）霍尔元件的种类

霍尔器件所用的材料有：锗、硅、锑化铟、砷化铟、砷化镓等。霍尔器件按制作与识别可分为两大类：一类是用半导体单晶加工而成的，称为体型霍尔器件；另一类是利用真空蒸发或外延、扩散等在适当的衬底上制成半导体单晶或多晶薄膜，称为薄膜型霍尔器件。薄膜型霍尔器件可制作在集成电路中。霍尔元件的工作原理和外形如图 1-2-23 所示。

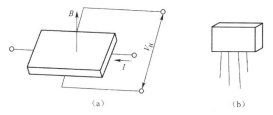

图 1-2-23　霍尔元件的工作原理和外形

由原理图可见，在半导体的薄片两端通以控制电流，并在薄片的垂直方向施加感应强度为 B 的磁场，则在垂直于电流和磁场的方向将产生电势为 V_H 的霍尔电势，它们之间的关系为：

$$V_H = K_H IB$$

式中，K_H 为霍尔灵敏度，它是一个与材料和几何尺寸有关的系数。

霍尔元件通常有 4 个引脚，即两个电源端和两个输出端。它的电路符号和典型应用电路如图 1-2-24 所示。E 为直流供电电源，RP 为控制电流 I 大小的电位器。I 通常为几十至几百毫安；R_L 是 V_H 的负载。霍尔元件具有结构简单、频率特性优良（从直流到微波）、灵敏度高、体积小、寿命长等突出特点，因此，被广泛用于位移量测量、磁场测量、接近开关及限位开关电路中。

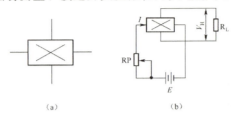

图1-2-24　霍尔元件的电路符号和典型应用电路

（3）霍尔元件的检测

①测量输入电阻和输出电阻：测量时要注意正确选择万用表的电阻挡量程，以保证测量的准确度。对于 HZ 系列产品，应选择万用表的"R×10"挡测量；对于 HT 与 HS 系列产品，应采用万用表的"R×1"挡测量，测量结果应与手册的参数值相符。如果测出的阻值为无穷大或为零，说明被测霍尔元件已经损坏。

②检测灵敏度（K_H）：一般采用双表法，将一只表置于"R×1"挡或"R×10"挡（根据控制电流 I 大小而定），为霍尔元件提供控制电流，将另一只万用表置于直流 2.5V 挡，用来测量霍尔元件输出的电动势 V_H。用一块条形磁铁垂直靠近霍尔元件表面，此时，电压表的指针应明显向右偏转。在测试条件相同的情况下，电压表的指针向右偏转的角度越大，表明被测霍尔元件的灵敏度（K_H）越高。测试时要注意不要将霍尔元件的输入、输出端引线接反，否则，将测不出正确结果。

任务三　电声器件与显示器件的识别与检测

活动 1 电声器件的识别与检测

电声器件是将电信号转换为声音信号或将声音信号转换成电信

号的换能元件。在家用电器和测量仪器等电子设备中得到了广泛的应用。

一、扬声器的结构、类型和检测方法

1. 扬声器的结构

扬声器又称为喇叭，是一种电声转换器件，它将模拟的语音电信号转化成声波，是收音机、录音机、电视机和音响设备中的重要器件，它的质量直接影响着音质和音响效果。电动式扬声器是最常见的一种结构。电动式扬声器由纸盆、音圈、音圈支架、磁铁、盆架等组成，当音频电流通过音圈时，音圈产生随音频电流而变化的磁场，这一变化磁场与永久磁铁的磁场发生相吸或相斥作用，导致音圈产生机械运动，并带动纸盆振动，从而发出声音。电动式扬声器的符号与结构如图 1—3—1 所示。

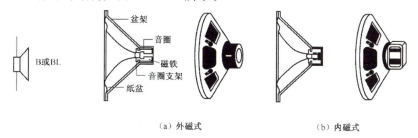

（a）外磁式　　　　　　　　（b）内磁式

图 1—3—1　电动式扬声器的符号和结构

2. 扬声器的类型

扬声器的类型很多，按其换能原理可分为电动式（动圈式）、静电式（电容式）、电磁式（舌簧式）、压电式（晶体式）等几种，后两种多用于农村的有线广播网中，其音质较差，但价格便宜。按扬声器工作时的频率范围可分为低音扬声器、中音扬声器、高音扬声器，高、中、低音扬声器常在音箱中作为组合扬声器使用。

3. 扬声器的主要技术参数

扬声器的主要技术参数有额定功率、标称阻抗、频率响应等。

（1）额定功率

扬声器的功率有标称功率和最大功率之分。标称功率又称为额定功率、不失真功率。它是指扬声器在不失真范围内容许的最大输入功率，在扬声器的标牌和技术说明书上标注的功率即为该功率值。扬声器的最大功率是指扬声器在某一瞬间所能承受的峰值功率。为保证扬声器工作的可靠性，要求扬声器的最大功率为标称功率的2～3倍。常用扬声器的功率有 0.1W、0.25W、1W、2W、3W、5W、10W、60W、120W 等。

（2）标称阻抗

扬声器的标称阻抗又称额定阻抗，是制造厂商规定的扬声器（交流）阻抗值。在这个阻抗上，扬声器可获得最大的输出功率。通常，口径小于 90mm 的扬声器的标称阻抗是用 1000Hz 的测试频率测出的，大于 90mm 的扬声器的标称阻抗则是用 400Hz 的测试频率测量出的。选用扬声器时，标称阻抗是一项重要指标，其标称阻抗一般应与音频功放器的输出阻抗相符。

（3）频率响应

频率响应又称有效频率范围，是指扬声器重放声音的有效工作频率范围。扬声器的频率响应范围显然越宽越好，但受到结构和价格等因素的限制，一般不可能很宽，国产普通纸盆扬声器（小于130mm 或 5in）的频率响应大多为 120～10000Hz，相同尺寸的橡皮边或泡沫边扬声器的频率响应可达 55Hz～21kHz。

4. 扬声器的检测方法

将万用表置 R×1 挡，把任意一只表笔与扬声器的任一引出端相接，用另一只表笔断续触碰扬声器的另一引出端，此时，扬声器应发出"喀喀"声，指针亦相应摆动。如触碰时扬声器不发声，指针也不摆动，说明扬声器内部音圈断路或引线断裂。

二、耳机和压电陶瓷蜂鸣器

1. 耳机

耳机也是一种电声转换器件，它的结构与电动式扬声器相似，也是由磁铁、音圈、振动膜片等组成的，但耳机的音圈大多是固定的。耳机的外形及电路符号如图1－3－2所示。

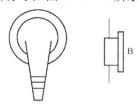

图1－3－2 耳机的外形和电路符号

（1）耳机的主要技术参数

耳机的主要技术参数有频率响应、阻抗、灵敏度、谐波失真等。随着音响技术的不断发展，耳机的发展也十分迅速。现代音响设备如高级随身听、高音质立体声放音机等，都广泛采用了平膜动圈式耳机，其结构更类似于扬声器，且具有频率响应好、失真小等突出优点。平膜动圈式耳机多数为低阻抗型，如$20\Omega \times 2$、$30\Omega \times 2$等。

（2）耳机的检测

用万用表就可方便地检测耳机的通断情况。对双声道耳机而言，其插头上有3个引出端，插头最后端的接触端为公共端，前端和中间接触端分别为左、右声道引出端。检测时，将万用表置于"R×1"挡，将任一表笔接在耳机插头的公共端上，然后用另一表笔分别触碰耳机插头的另外两个引出端，相应的左或右声道的耳机应发出"喀喀"声，指针应偏转，左、右声道的耳机阻值应对称。如果在测量时耳机无声，万用表指针也不偏转，说明相应的耳机有引线断裂或内部焊点脱开的故障。若指针摆至零位附近，说明相应耳机内部引线或耳机插头处有短路的地方。若指针指示阻值正常，但发声很轻，一般是耳机振膜片与磁铁间的间隙不合适造成的。

2. 压电陶瓷蜂鸣器

（1）压电陶瓷喇叭

压电陶瓷喇叭是将压电陶瓷片和金属片粘贴而成的一个弯曲震动片，如图1－3－3所示。

在震荡电路的激励下，交变的电信号使压电陶瓷带动金属片一起产生弯曲震荡，并随此发出清晰的声音。它和一般扬声器相比，具有体积小、重量轻、厚度薄、耗电省、可靠性好、造价低廉、声响可达 120dB 等特点，广泛应用于电子手表、袖珍计算器、玩具、门铃、移动电话机及各种报警设施中。压电陶瓷片用字母 B 表示，其直径有 φ15mm、φ20mm、φ27mm、φ35mm 等类型，而厚度仅 0.4～0.5mm。常见型号有 HTD20、HTD35 等。

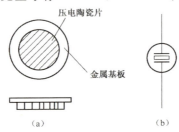

图 1-3-3　压电陶瓷喇叭的结构和电路符号

具有反馈电极的压电陶瓷喇叭，是将压电陶瓷片分成主电极和反馈电极两部分，从反馈电极直接取出正反馈信号，使震荡电路变得很简单。具有反馈电极的压电陶瓷扬声器的型号有 FT－27－4BT、FT－35－29BT 等。

（2）压电陶瓷蜂鸣器

将一个多谐振荡器和压电陶瓷片做成一体化结构，外部采用塑料壳封装，就是一个压电陶瓷蜂鸣器。多谐振荡器一般由集成电路构成，接通电源后，多谐振荡器起振，输出音频信号（一般为 1.5～2.5kHz），经阻抗匹配器推动压电陶瓷片发声。

国产压电蜂鸣器的工作电压一般为直流 3～15V，有正、负极两个引出线。压电陶瓷蜂鸣器的组成方框图如图 1-3-4 所示。

（3）压电陶瓷蜂鸣片的检测

将万用表拨至直流 2.5V 挡，将待测压电蜂鸣片平放于木制桌面上，带压电陶瓷片的一面朝上。然后将万用表的一只表笔与蜂鸣片的金属片相接触，用另一表笔在压电蜂鸣片的陶瓷片上轻轻碰触，可观察到万用表指针随表笔的触、离而摆动，摆动幅度越大，则说明压电陶瓷蜂鸣片的灵敏度越高；若万用表指针不动，则说明被测压电陶瓷蜂鸣片已损坏。

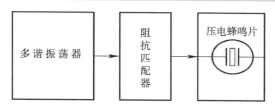

图 1-3-4 压电陶瓷蜂鸣器的组成和电路符号

三、 话筒的类型和检测方法

话筒是将声能转化成音频电信号的一种器件，又叫做传声器。话筒的种类也很多，应用最广泛的是动圈式话筒和驻极体电容式话筒。话筒的符号是"BM"。

1. 动圈式话筒

（1）动圈式话筒的类型和技术指标

动圈式话筒由永久磁铁、音膜、音圈、输出变压器等部分组成，音圈位于永久磁铁的缝隙中，并与音膜粘在一起。当有声音时，声波激发音膜振动，带动音圈作切割磁力线运动而产生音频感应电压，从而实现了声电转换。

动圈式话筒的主要技术参数有频率响应、灵敏度、输出阻抗、指向性等。

动圈式话筒的频率响应范围显然越宽越好，但频率响应范围越宽，其价格越高。普通动圈式话筒的频率响应范围多为 $100\sim10000Hz$，质量优良的话筒其频率响应范围可达 $20\sim20000Hz$。

动圈式话筒的灵敏度是指话筒将声音信号转换成电压信号的能力，用每帕斯卡声压产生多少毫伏电压来表示，其单位为 mV/Pa。话筒的灵敏度还常用分贝（dB）来表示。一般来说，话筒灵敏度越高，话筒的质量就越好。

动圈式话筒的输出阻抗有高阻抗和低阻抗两种。高阻话筒的输出阻抗为 $20k\Omega$，低阻话筒的输出阻抗为 600Ω，要和扩音机的输入阻抗配合使用。一般是在购买扩音机后，再根据扩音机的输入阻抗购买相应的话筒。

动圈式话筒的指向性是指其灵敏度与声波入射方向的特性。话筒的指向性是根据需要设计的，分为全指向性话筒、单向指向性话筒、双向指向性话筒和近讲话筒。

全指向性话筒对来自四面八方的声音都有基本相同的灵敏度。单向指向性话筒其正面的灵敏度明显高于背面和侧面。双向指向性话筒其正面和背面有相同的灵敏度，两侧的灵敏度则比较低。近讲话筒只对靠近话筒的声音有比较高的灵敏度，对远方的环境噪声不敏感，多为在舞台上演唱的歌手所采用。

（2）动圈式话筒的检测

动圈式话筒的检测主要是用万用表的电阻挡测量输出变压器的初、次级线圈和音圈线圈。先用两表笔断续碰触话筒的两个引出端，话筒中应发出清脆的"咔咔"声。如果无声，则说明该话筒有故障，应该对话筒的各个线圈做进一步的检查。

测量输出变压器的次级线圈，可以直接用两表笔测量话筒的两个引出端，若有一定阻值，说明该次级线圈是好的，需要检查输出变压器的初级线圈和音圈线圈的通断。

检查输出变压器的初级线圈和音圈线圈时，需要将话筒拆开，将输出变压器的初级线圈和音圈绕组断开，再分别测量输出变压器的初级线圈和音圈线圈的通断。

2．驻极体电容式话筒

（1）驻极体电容式话筒的结构和类型

驻极体话筒是一种用驻极体材料制作的新型话筒，具有体积小、频带宽、噪声小、灵敏度高等特点，被广泛应用于助听器、录音机、无线话筒等产品中。

驻极体话筒的结构由声电转换系统和场效应管放大器组成。国产驻极体话筒的常见型号有 CRZ2－1、CRZ2－9、CRZ2－15、CRZ2－66 等。

驻极体电容式话筒是由相当于一个极板位置可变的电容和结型场效应管放大器组成的。当有声波传入时，电容的极板位置发生变化，相当于电容量发生变化，而电容两个极片上的电量保持一定，则电容两端的电压就发生变化，从而实现了声电转换。结型场效应管放大器对信号电压进行放大，并与扩音机内的放大器实现阻抗匹配。

驻极体电容式话筒有两端式和三端式两种类型。两端式驻极体电容式话筒有 2 个输出端，分别是场效应管的漏极和接地端。三端式驻极体电容式话筒有 3 个输出端，分别是场效应管的漏极、源极和接地端。

（2）驻极体电容式话筒的检测

万用表置于 R×100 挡，黑表笔接话筒的漏极（D），红表笔接话筒的源极（S）和外壳（地），用嘴吹话筒，观察万用表的指示，若无指示，说明话筒已失效；有指示，则话筒正常。指示范围越大，话筒灵敏度越高。驻极体电容式话筒的检测可用万用表的电阻挡来检测。对两端式驻极体电容式话筒而言，用黑表笔接话筒的 D 端，红表笔接地端，此时，用嘴对准话筒吹气，万用表的指针应有指示。同类型的话筒比较，指示范围越大，说明该话筒的灵敏度越高；如果无指示，说明话筒有问题。

3. 无线话筒

（1）无线话筒的结构

无线话筒实际上是普通话筒和无线发射装置的组合体，其工作频率在 88~108MHz 的调频波段内，用普通调频收音机即可接收。

无线话筒由受音头、调制发射电路、天线和电池组成。受音头把声音信号转换为电信号，通过调制再发射出去，由相应的接收机接收、放大和解调后送入扩音设备。

无线话筒的发射距离一般在 100m 以内。

（2）无线话筒的检测

无线话筒的检测方法是：将无线话筒接入一个功放中，用示波器对话筒的输入端进行监测，当对着话筒讲话时，示波器应该有微弱的音频信号出现，若没有信号出现，则说明该话筒有问题。

将话筒拆开，很容易看出其内部结构，一般都是线圈断路所导致的故障。有时，只要将断路的线圈焊接好，就可以修复故障。

活动 2　**显示器件的识别与检测**

一、LED 数码管

LED 数码管也称半导体数码管（图1－1－5），它是将若干发光二极管按一定图形排列并封装在一起的最常用的数码显示器件之一。LED 数码管具有发光显示清晰、响应速度快、耗电省、体积小、寿命长、耐冲击、易与各种驱动电路连接等优点，在各种数显仪器仪表、数字控制设备中得到广泛应用。

LED 数码管种类很多，品种五花八门，这里仅向初学者介绍最常用的小型"8"字形 LED 数码管的识别与使用方法。

图1－3－5　LED 数码管

1. 结构及特点

目前，常用的小型 LED 数码管多为"8"字形数码管，它内部由 8 个发光二极管组成，其中 7 个发光二极管（a～g）作为 7 段笔画组成"8"字结构（故也称 7 段 LED 数码管），剩下的 1 个发光二极管（h 或 dp）组成小数点，如图1－3－6（a）所示。各发光二极管按照共阴极或共阳极的方法连接，即把所有发光二极管的负极（阴极）或正极（阳极）连接在一起，作为公共引脚；而每个发光二极管对应的正极或者负极分别作为独立引脚（称为"笔段电极"），其引脚名称分别与图1－3－6（a）中的发光二极管相对应，即 a、b、c、d、e、f、g 脚及 h 脚（小数点），如图1－3－6（b）所示。

若按规定使某些笔段上的发光二极管发光，就能显示如图 1－3－6（c)所示的"0~9"10 个数字和"A~F"6 个字母，还能够显示小数点，可用于 2 进制、10 进制及 16 进制数字的显示，使用非常广泛。

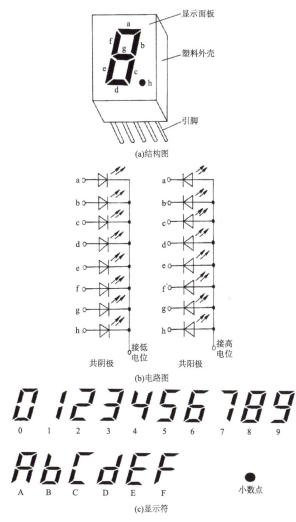

(a)结构图

(b)电路图

(c)显示符

图 1－3－6　"8"字形数码管

2. 外形和种类

常用小型 LED 数码管的封装形式几乎全部采用了双列直插结构，并按照需要将 1 至多个 "8" 字形字符封装在一起，以组成显示位数不同的数码管。如果按照显示位数（即全部数字字符个数）划分，有 1 位、2 位、3 位、4 位、5 位、6 位……数码管，如图 1－3－7 所示。如果按照内部发光二极管连接方式不同划分，有共阴极数码管和共阳极数码管两种；按字符颜色不同划分，有红色、绿色、黄色、橙色、蓝色、白色等数码管；按显示亮度不同划分，有普通亮度数码管和高亮度数码管；按显示字形不同，可分为数字管和符号管。

1 位数码管　　　　　　3 位数码管

2 位数码管　　　　　　4 位数码管

图 1－3－7　LED 数码管实物外形图

3. 主要参数

表征 LED 数码管各项性能指标的参数主要有光学参数和电参数

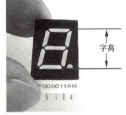

图 1－3－8　LED 数码管的尺寸衡量

两大类，它们均取决于内部发光二极管。除此之外，还有 "字高" 这一衡量 LED 数码管显示字符大小的重要参数。"字高" 具体所指为显示字符的高度，如图 1－3－8 所示。国外型号的 LED 数码管常用英寸作为 "字高" 的单位，国产管则用毫米作单位。常见小型 LED 数码管的字高有 0.32 英寸（8.12mm）、0.36 英寸（9.14mm）、0.39 英寸（9.90mm）、0.4 英寸

（10.16mm）、0.5 英寸（12.70mm）、0.56 英寸（14.20mm）、0.8 英寸（20.32mm）、1 英寸（25.40mm）等。

4. 型号与引脚的识别

由于 LED 数码管的型号命名各厂家不统一，可谓各行其事，无规律可循。要想知道某一型号产品的结构特点和有关参数等，一般只能查看厂家说明书或相关的参数手册。对于型号不清楚的 LED 数码管，就只能通过万用表等的测量，弄清内部电路结构和相关参数。

小型 LED 数码管的引脚排序规则如图 1－3－9 所示，即正对着产品的显示面，将引脚面朝向下，从左上角（左、右双排列引脚）或左下角（上、下双排列引脚）开始，按逆时针（即图中箭头）方向计数，依次为 1、2、3、4 脚……如果翻转过来从背面看（比如在印制电路板的焊接面上看），即引脚面正对着自己，则应按顺时针方向计数。可见，这跟普通集成电路是一致的。

常用 LED 数码管的引脚排列均为双列 10 脚、12 脚、14 脚、16 脚、18 脚等。识别引脚排列时大致上有这样的规律：对于单个数码管来说，最常见的引脚为上、下双排列，通常它的第 3 脚和第 8 脚是连通的，为公共脚；如果引脚为左、右双排列，则它的第 1 脚和第 6 脚是连通的，为公共脚。但也有例外，必须具体型号具体对待。另外，多数 LED 数码管的"小数点"在内部是与公共脚接通的，但有些产品的"小数点"引脚却是独立引出来的。对于 2 位及以上的数码管，一般多是将内部各"8"字形字符的 a～h 这 8 根数据线对应连接在一起，而各字符的公共脚单独引出（称为"动态数码管"），既减少了引脚数量，又为使用提供了方便。例如，4 位动态数码管有 4 个公共端，加上 a～h 引脚，一共只有 12 个引脚。如果制成各"8"字形字符独立的"静态数码管"，则引脚可达到 40 个。

图 1－3－9　LED 数码管引脚排序规则

常用 LED 数码管的引脚排列图和内部电路图如图 1－3－10～图 1－3－19 所示。

①CPS05011AR（1 位共阴/红色 0.5 英寸）、SM420501K（红色 0.5 英寸）、SM620501（蓝色 0.5 英寸）、SM820501（绿色 0.5 英寸）。

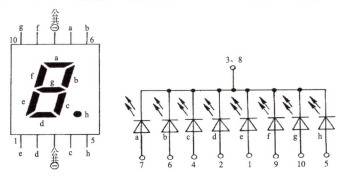

图 1－3－10　CPS05011AR

②SM420361（1 位共阴/红色 0.36 英寸）、SM440391（红色 0.39 英寸）。

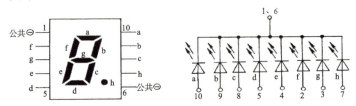

图 1－3－11　SM420361

③SM420322（1 位共阴/红色 0.32 英寸）、SM220322（绿色 0.32 英寸）。

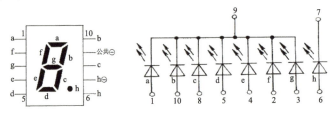

图 1－3－12　SM420322

④SM410561K（1 位共阳/红色 0.56 英寸）、SM610501（蓝色 0.5 英寸）、SM810501（绿色 0.5 英寸）。

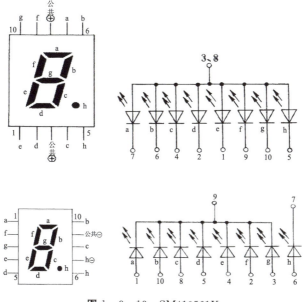

图 1－3－13　SM410561K

⑤SM410361（1 位共阳/红色 0.36 英寸）、HDSR－7801（红色 0.3 英寸）、HDSP－7301（红色 0.3 英寸）。

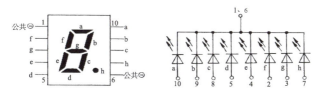

图 1－3－14　SM410361

⑥SM410322（1 位共阳/红色 0.32 英寸）、SM210322（绿色 0.32 英寸）。

⑦SN420502（2 位共阴/红色静态 0.5 英寸）、SN220801（绿色 0.8 英寸）、KW2－561CGA（绿色 0.56 英寸）。

⑧SN410502（2 位共阳/红色静态 0.5 英寸）、SN210801（绿色 0.8 英寸）。

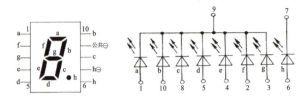

图 1-3-15　SM410322

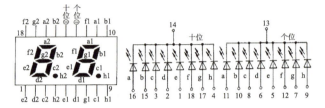

图 1-3-16　SN420502

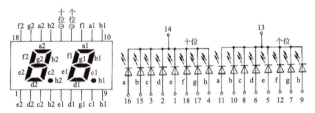

图 1-3-17　SN410502

⑨SN460561（2 位共阴/红色动态 0.56 英寸）、SN260561（绿色 0.56 英寸）。

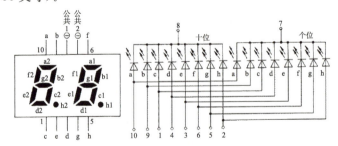

图 1-3-18　SN460561

⑩SN450561（2 位共阳/红色动态 0.56 英寸）、SN250561（绿色 0.56 英寸）。

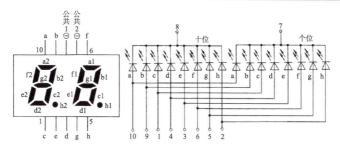

图 1－3－19　SN450561

5. LED 数码管的检测方法

（1）用数字万用二极管挡检测

将数字万用表置于二极管挡时，其开路电压为＋2.8V。用此挡测量 LED 数码管各引脚之间是否导通，可以识别该数码管是共阴极型还是共阳极型，并可判别各引脚所对应的笔段有无损坏。

检测接线如图 1－3－20 所示。将数字万用表置于二极管挡，黑表笔与数码管的 h 点（LED 的共阴极）相接，然后用红表笔依次去触碰数码管的其他引脚，触到哪个引脚，哪个笔段就应发光。若触到某个引脚时，所对应的笔段不发光，则说明该笔段已经损坏。

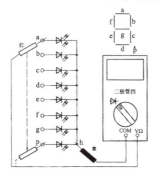

图 1－3－20　LED 数码管检测接线

（2）用模拟万用表检测

将模拟万用表置于 R×10k 挡，方法同数字表相同，只是将红、黑表笔的功能对调。

任务四　机电元件与其他常用材料的识别与检测

活动 1　机电元件的识别与检测

开关是通过一定的动作完成电气连接和断开的元件，一般串接在电路中，实现信号和电能的传输和控制。

接插件是在两块电路板或两部分电路之间完成电气连接，实现信号和电能的传输和控制。开关及接插件质量和性能的好坏直接影响电子系统和设备的工作可靠性。

一、开关器件的类型与检测方法

1. 开关器件的种类

开关按驱动方式可分为手动和自动两大类；按应用场合可分为电源开关、控制开关、转换开关、行程开关等；按机械动作的方式可分为旋转式开关、按动式开关、拨动式开关等。

2. 开关器件的作用

开关器件的主要作用是接通、断开和转换电路。

3. 开关的主要技术参数

额定电压：在正常工作状态下所能承受的最大直流电压或交流电压有效值。

额定电流：在正常工作状态下所允许通过的最大直流电流或交流电流有效值。

接触电阻：一对接触点连通时的电阻，一般要求≤20mΩ。

绝缘电阻：不连通的各导电部分之间的电阻，一般要求≥100MΩ。

抗电强度（耐压）：不连通的各导电部分之间所能承受的电压，一般开关要求≥100V，电源开关要求≥500V。

工作寿命：在正常工作状态下使用的次数，一般开关为 5000～10000

次，高可靠开关可达到 $5×10^4 \sim 5×10^5$ 次。

常见开关如表 1－4－1 所示。

表 1－4－1　常见开关

类型	实物图	特点	用途
旋转式开关		旋转波段开关的中轴带动各层的接触点联动，同时接通或切断电路	电子设备中的常用开关
按动式开关	AS1601-11TD	分为大、小型，形状多为圆柱体或长方体	用于控制电子设备中的电源或交流接触器
键盘开关		薄膜按键开关又称为薄膜开关、平面开关或轻触开关，它是近年来流行的一种集装饰与功能为一体的新型开关。薄膜开关分为软性薄膜开关和硬性薄膜开关两种类型	用于计算机中数字式电信号的快速通断
钮子开关		额定工作电压一般为250V，额定工作电流为0.5～5A的多种	电子设备中的常用开关
拨动开关		一般是水平滑动式换位，切入咬合式接触	常用于计算器和收录机等家用电器中

4. 常见的机械开关类型及其检测方法

（1）拨动开关及其检测方法

拨动开关是一种水平滑动换位式开关，采用切入式咬合接触。拨动开关的检测方法：将万用表置于"R×1"挡，可测量各引脚之间的通断晴况。将万用表拨至"R×10k"挡，测量各引脚与铁制外壳之间的电阻值，都应该为无穷大。

（2）直键开关及其检测方法

直键开关常在电子设备中用作波段开关、声道转换、响度控制和电源开关。直键开关的外壳为塑料结构，内部每组触点的接触方式为单刀双掷式，即每组开关有 3 个触点，中间为刀位，两头触点为掷位。

直键开关又分为自复位式和自锁式两种。自复位式开关在工作时须压下开关柄，当不压开关柄时，因开关上的弹簧作用而能自动复位。自锁式开关设置了一个锁簧，当开关压下后，开关柄被锁簧卡住实现了自锁。要想开关复位，必须再次压下开关柄。这种直键开关也有多只联动的形式。当按下其中一只开关时，其余的开关均复位。

直键开关的两排引脚是互相独立的，且对应排列，每 3 个引脚为一组。其检测方法与拨动开关一样，但需要进行分组检测。

（3）导电橡胶开关的检测

用万用表"R×10"挡在导电橡胶的任意两点间测量时均应该呈现导通状态，如测得的阻值很大或为无穷大，则说明该导电橡胶已经失效。

二、常用接插件

1. 接插件的分类

接插件又称为连接器，通常由插头（又称公插头）和插口（又称母插头）组成。

表 1－4－2

类型	实物图	特点	用途
圆形接插件有插接和螺接两类连接方式		圆形接插件也称航空插头插座，它有一个标准的螺旋锁紧机构，接触点的数目从两个到上百个不等。其插拔力较大，连接方便，抗震性好，容易实现防水密封及电磁屏蔽等特殊要求	该元件适用于大电流连接，额定电流可以从1A到数百安。一般用于不需要经常插拔的电路板之间或整机设备之间实现电气连接
矩形接插件		矩形排列能充分利用空间	广泛应用于机内互连。当其带有外壳或锁紧装置时，也可用于机外电缆与面板之间的连接
同轴接插件			
带状电缆接插件		它与电缆的连接不用焊接，而是靠压力连接端内的刀口刺破电缆的绝缘层实现电气连接，工艺简单可靠	常用于多路的低电压、小电流的场合。如计算机中主板与硬盘之间的电气连接

类型	实物图	特点	用途
印制板接插件		其结构形式有簧片式和针孔式。簧片式插座的基体用高强度酚醛塑料压制而成，孔内有弹性金属片，这种结构比较简单，使用方便。针孔式接插件可分为单排和双排两种，插座装焊在印制板上	为了便于印制板电路的更换和维修，在几块印制电路板之间或在印制电路板与其他部件之间的互连经常采用此接插件。在小型仪器中常用于印制电路板的对外连接
插针式接插件		体积大、电流容量大，能充分利用空间	用于印制电路板上大电流信号的互相连接
条形接插件		体积大、电流容量大，能充分利用空间	用于印制电路板上大电流信号的互相连接

续表

类型	实物图	特点	用途
D 型接插件	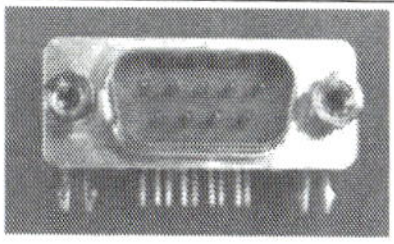 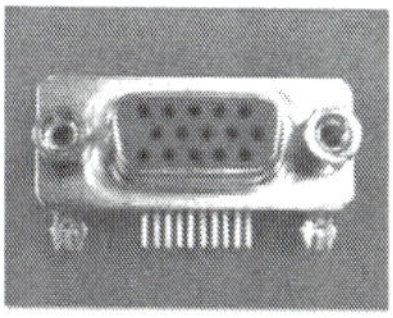 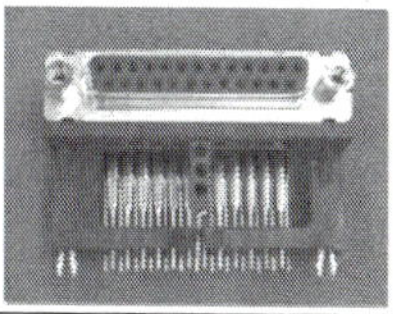	一种通用性很强的连接器	用于电子计算机、通信机器、计测仪器及一般民用设备
音视频接插件	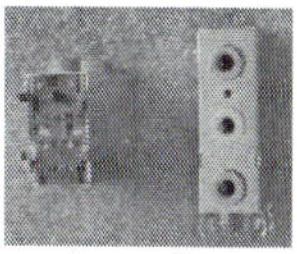 	也称 AV 连接器，种类很多，常见的有受话器/送话器插头座和莲花插头座	用于连接各种音响设备、摄像设备的视频播放设备
直流电源接插件		种类很多	常用于各种家用电器的正流电源连接

三、接插件及开关的选用

选用接插件和开关最重要的是接触是否良好。接触不可靠会严重影响电路的正常工作，会引起很多故障，合理选择和正确使用开关和接插件，将会大大降低电路的故障率。

选用接插件和开关时，除了应根据产品技术要求所规定的电气、机械、环境条件外，还要考虑元件动作的次数、镀层的磨损等因素，因此，选用接插件和开关时应注意以下几个方面的问题。

①首先应根据使用条件和功能来选择合适类型的开关及接插件。

②开关和接插件的额定电压、电流要留有一定的余量。为了接触可靠，开关的触点和接插件的线数要留有一定的余量，以便并联使用或备用。

③尽量选用带定位的接插件，以免因插错而造成故障。

④触点的接线和焊接可靠，为防止断线和短路，在焊接处应加上套管保护。

四、 接插件及开关的检测

对接插件及开关的检测，一般采用外表直观检查和万用表测量检查两种方法。通常的做法是：先进行外表直观检查，然后再用万用表进行检测。

1. 外表直观检查

这种方法用来检查接插件及开关是否有引脚相碰、引线断裂的现象。若外表检查无上述现象，且需进一步检查时，再采用万用表进行检测。

2. 用万用表进行检测

这种方法是用万用表的欧姆挡对接插件的有关电阻进行测量。

对接插件的连通点测量标准是，其连通电阻值应小于 0.5Ω，否则认为接插件接触不良。

对接插件的断开点测量标准是，其断开电阻值应为无穷大，若断开电阻接近零，说明断开点有相碰现象。

3. 检测接插件的方法

将万用表置于"R×10"挡，两支表笔分别接接插件的同一根导线的两个端头，测得的电阻值应为零。若测得的电阻值不为零，说明该导线有断路故障或多股导线中大多数导线断开。

再将万用表置于"R×10k"挡，两支表笔分别接接插件的任意两个端，可测量两个端的导线之间的绝缘情况。在检测过程中，万用表的指针都应停在无穷大位置不动。如果发现某两个端头之间的电阻不是无穷大，则说明该两个端之间的导线有局部短路性故障。

4. 检测开关的方法

将万用表置于"R×10"挡，两支表笔分别接开关的两个引出端，当将开关闭合时，测得的电阻值应为零。当将开关断开时，测得的电阻值应为无穷大。

再将万用表置于"R×10k"挡，两支表笔分别接开关的两个引出端，可测量两个引出端之间的绝缘情况。在检测过程中，万用表的指针都应停在无穷大位置不动。如果发现某两个引出端之间的电阻不是无穷大，则说明该两个引出端之间有漏电性故障。

活动 2　其他常用材料的识别

一、导线的分类

1. 按股数分

导线有单股与多股：一般 6mm² 及以下为单股线；截面面积 10mm² 以上为多股线，由几股或几十股线芯绞合在一起形成一根，有 7 股、19 股、37 股等。

①单股线如图 1－4－1 所示。

图 1－4－1　单股线

②多股线如图 1－4－2 所示。

图 1－4－2　多股线

2. 按材料分

有单金属丝（如铜丝、铝丝），双金属丝（如镀银铜线）和合金线。

3. 按有无绝缘层分

有裸电线和绝缘电线。

4. 按粗细分

导线的粗细标准称为线规，有线号和线径两种表示方法。按导线的粗细排列成一定号码的叫线号制，线号越大，其线径就越小；线径制则是用导线直径的毫米数表示。英美等国采用线号制，中国采用线径制。

二、 常用导线的应用

1. B 系列橡胶塑料电线

B 系列的电线结构简单，电气和力学性能好，广泛用作动力、照明及大中型电气设备的安装线，交流工作电压为 500V 以下。

2. R 系列橡皮塑料软线

R 系列软线的线芯由多根细铜丝绞合而成，除具有 B 系列电线的特点外，还比较柔软，广泛用于家用电器、小型电气设备、仪器仪表及照明灯线等。

3. Y 系列通用橡套电缆

Y 系列电缆常用于移动工具，如电气设备、电动工具等的电源线。

三、 常用电工绝缘材料的识别

通常，在电工技术上将电阻系数大于 $1\times10^9\,\Omega\cdot cm$ 的物质所构成的材料称为绝缘材料。

绝缘材料的分类及特性见表 1—4—3。

表 1—4—3　绝缘材料的分类

类别	实物图	特点及用途
层压材料		可制成具有优良电气、力学性能和耐热、耐油、耐霉、耐电弧、防电晕等特性的制品

续表

类别	实物图	特点及用途
号码管		大量用在电子装配中，标注线号用
塑料套管		大量用在电子装配中，作护套用
绝缘胶布		常用于导线绝缘的恢复
云母制品		具有良好的耐热、传热、绝缘性能的脆性材料，主要用于绝缘要求高且能导热的场合
陶瓷		耐热、耐潮性好，机械强度高，电绝缘性能好，温度膨胀系数小，但性质较脆。用于制作插座、线圈骨架、瓷介电容

四、导线连接和绝缘恢复练习

导线连接的基本要求是：电接触良好，机械强度足够，接头美观，且绝缘恢复正常。

常用导线连接的方法：导线连接的工序是先剥线再连接。

①导线线头绝缘层的剥线与剖削方法见表1－4－4。

表1－4－4　导线线头绝缘层的剥线与剖削方法

导线线头绝缘层的剥线与剖削方法	图示
用钢嵌钳剖削塑料硬线绝缘层	
电工刀剖削	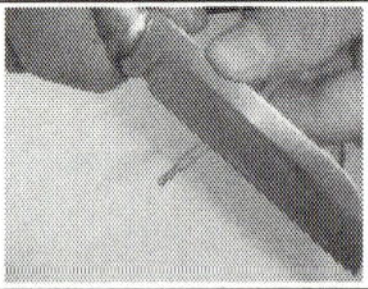
剥线钳的剥线	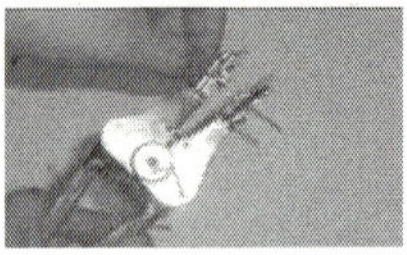

②导线之间的连接方法见表1－4－5。

表1－4－5　导线连接方法

单股铜芯线的连接方法	一字形连接	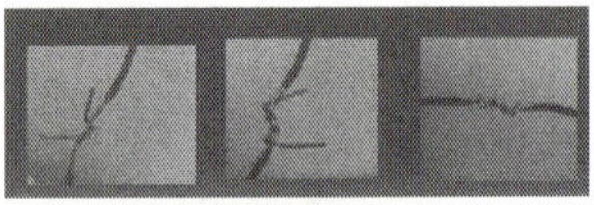
	T形连接	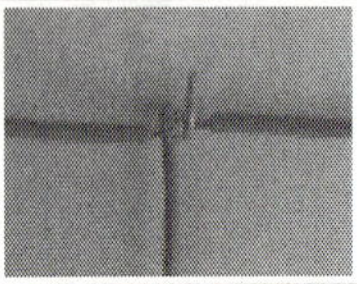

续表

多股导线的连接	一字形连接	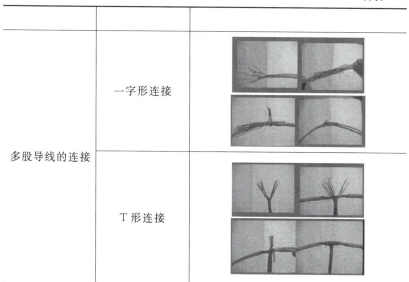
	T形连接	

③导线绝缘的恢复如图1－4－3所示。

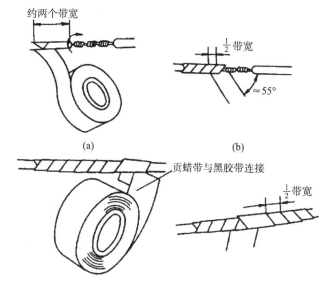

图1－4－3　导线绝缘的恢复

项目二　印制电路板的装配与焊接及表面安装技术

任务一　印制电路板的装配与焊接

活动 1　印制电路板的装配与插接

一、工艺文件

1. 流水线的生产工艺文件

（1）工艺线路表

工艺路线表用于产品生产的安排和调度，反映产品由毛坯准备到成品包装的整个工艺过程。工艺路线表供企业有关部门作为组织生产的依据。填写时，"装入关系"栏用方向指示线显示产品零件、部件、整件的装配关系；"部件用量""整机用量"栏填写与产品明细表相对应的数量；"工艺路线表内容"栏填写整件、部件、零件加工过程中各部门（车间）及其工序的名称和代号。

（2）作业指导卡

作业指导卡是用于岗位操作的重要工艺文件。作业指导卡用来描述生产流水线上特定工序工位该怎么去做，包括准备作业、主作业、完成作业三个阶段的操作步骤内容。采用作业指导卡一方面规范操作，保证生产质量；另一方面可避免工序过于烦琐。当岗位上某些操作细节必须用文字来规定时，就应该采用作业指导卡的形式。作业指导卡见表 2-1-1。

表 2-1-1　作业指导卡

产品名称	彩色电视机	工序名称	基板插件	作业指导卡					
产品型号	XT-56 80R	生产部门	基板厂	送料明细表					
作业内容及顺序 〔准备作业〕 〔主作业〕 〔完成作业〕				序号	名称	规格	数量	来自何方	备注
				说明					
底图号	数量	文件号	签名	日期	签名			页数	
					拟制				
					审批				

2. 元器件的引线成形

（1）引线成形标准

不同插装方式的元器件引脚成形技术要求和基本方法如表 2-1-2 所示。

表 2-1-2　元器件引脚成形技术要求和基本方法

安装方式	图示	说明
贴板安装		引脚容易处理，插装简单，但不利于散热
悬空安装	2～6 cm	引脚长，有利于散热，但插装较复杂

续表

安装方式	图示	说明
倒装		整形难度高,对散热更加有利,并保证焊接时不会使元件温度过高

注意事项如下:

①引脚成形后,元器件本身不能受伤,不可以出现模印、压痕和裂纹;

②引脚成形后,引脚直径的减小或变形不可以超过原来的10%;

③若引脚上有焊点,则在焊点和元器件之间不准有弯曲点,焊点到弯曲点之间应保持2mm以上的间距;

④通常各种元器件的引脚尺寸都有不同的基本要求。

2. 引线成形的方式方法

为达到引线成形标准,在一般情况下,元器件引线成形可用手工弯折和专用模具弯折两种方法。在生产企业中,整形大部分由机器来完成。

①手工弯折。手工弯折引线可以借助镊子和尖嘴钳,小的一字旋具用来对引脚整形,手工弯折方法见图2-1-1。

②专用模具弯折。在模具的垂直方向开有供插入元件引线的长条形孔,在水平方向开有供插杆插入的圆形孔。元器件的引起线从上方 **图2-1-1 手工弯折** 插入成形模的长孔后,水平插杆,引线即可成形。然后拔出插杆,将元件从水平方向移出(图2-1-2)。

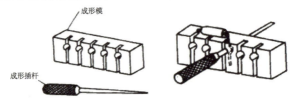

图2-1-2 专用模具弯折

（3）机器整形。元器件的机器整形是用专用的整形机械来完成的。例如，三极管的整形见图2－1－3。

3．电子元器件的插装

（1）元器件插装的原则

①手工插装、焊接，应该先插装那些需要机械固定的元器件，如功率器件的散热器、支架、卡子等，然后再插装需焊接固定的元器件。插装时不要用手直接碰元器件引脚和印制板上的铜箔。

②自动机械设备插装、焊接，就应该先插装那些高度较低的元器件，后安装那些高度较高的元器件，贵重的关键元器件应该放到最后插装，散热器、支架、卡子等的插装要靠近焊接工序。

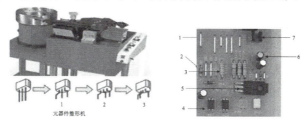

图2－1－3　元器件机器整形

（2）元器件插装的方式

①直立式电阻器、电容器、二极管等都是竖直安装在印刷电路板上的（图2－1－4）。

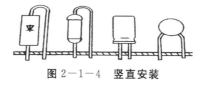

图2－1－4　竖直安装

②俯卧式二极管、电容器、电阻器等元器件均是俯卧式安装在印刷电路板上的（图2－1－5）。

图2－1－5　俯卧式安装

③混合式。为了适应各种不同条件的要求或某些位置受面积所限，在一块印刷电路板上，有的元器件采用直立式安装，也有的元

器件则采用俯卧式安装（图2—1—6）。

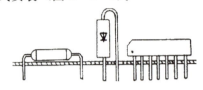

图2—1—6　混合式安装

4. 长短脚的插装方式

（1）长脚插装（手工插装）

插装时可以用食指和中指夹住元器件，再准确插入印制电路板（图2—1—7）。

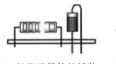  

（a）长脚元器件的插装　　（b）长脚元器件的焊接　　（c）长脚元器件的剪脚

图2—1—7　长脚插装

（2）短脚插装

短脚插装的元器件整形后，引脚很短，所以，都用自动化插件机器插装，且靠板插装，当元器件插装到位后，机器自动将穿过孔的引脚向内折弯，以免元器件掉出（图2—1—8）。

插装　　　　弯脚　　　　焊接

图2—1—8　短脚插装

二、 观察下图， 指出其安装方式

如图2—1—9所示，指出元器件的安装方式。

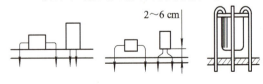

2～6 cm

图2—1—9　安装方式

活动 2 **手工焊接**

一、焊接工艺

手工焊接是每一个电子装配工必须掌握的技术，也是业余维修人员的一项技艺，正确选用焊料和焊剂，根据实际情况选择焊接工具，是保证焊接质量的必备条件。

1. 焊料

能熔合两种或两种以上的金属，使之成为一个整体的易熔金属或合金都叫焊料。常用的锡铅焊料中，锡占 62.7%，铅占 37.3%。这种配比的焊锡熔点和凝固点都是 183℃，可以由液态直接冷却为固态，不经过半液态，焊点可迅速凝固，缩短焊接时间，减少虚焊，该温度称为共晶点，该成分配比的焊锡称为共晶焊锡。共晶焊锡具有低熔点、熔点与凝固点一致、流动性好、表面张力小、润湿性好、机械强度高、焊点能承受较大的拉力和剪力、导电性能好的特点。

2. 助焊剂

助焊剂是一种焊接辅助材料，其作用如下。

①去除氧化膜。其实质是助焊剂中的氯化物、酸类同焊接面上的氧化物发生还原反应，从而除去氧化膜。反应后的生成物变成悬浮的渣，漂浮在焊料表面。

②防止氧化。液态的焊锡及加热的焊件金属都容易与空气中的氧接触而氧化。助焊剂熔化以后，形成漂浮在焊料表面的隔离层，防止了焊接面的氧化。

③减小表面张力。增加熔融焊料的流动性，有助于焊锡润湿和扩散。

④使焊点美观。合适的助焊剂能够整理焊点形状，保持焊点表面的光泽。

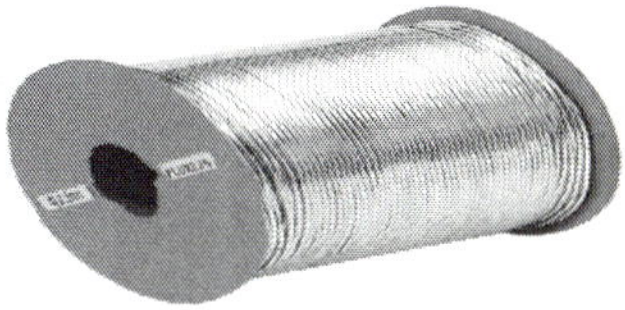

常用的助焊剂有松香、松香酒精助焊剂、焊膏、氯化锌助焊剂、氯化铵助

图 2-1-10 焊料

焊剂等。

在电子电气制品焊接中常采用中心夹有松香助焊剂、含锡量为61%的39锡铅焊锡丝，也称为松香焊锡丝（图2-1-10）。

二、焊接工具的选用

电烙铁是进行手工焊接最常用的工具，它是根据电流通过加热器件产生热量的原理而制成的。

1. 普通电烙铁

普通电烙铁有内热式和外热式，普通电烙铁只适合在焊接要求不高的场合使用（图2-1-11）。功率一般为20～50W。内热式电烙铁的发热元器件装在烙铁头的内部，从烙铁头内部向外传热，所以被称为内热式电烙铁。它具有发热快，热效率达到85%～90%以上，体积小、重量轻和耗电低等特点。

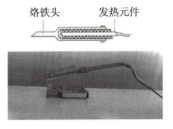

图2-1-11　普通电烙铁

2. 恒温电烙铁

恒温电烙铁的重要特点是有一个恒温控制装置，使得焊接温度稳定，变化极小，如图2-1-12所示。恒温电烙铁可以用来焊接较精细的印制电路板，如手机电路板等。

（1）数字显示恒温烙铁

数字显示的恒温烙铁能将烙铁的温度实时地显示出来，方便、直观、便于控制。

（2）无显示恒温烙铁

无显示的恒温烙铁的主要特点是价格低廉。

图2-1-12　恒温烙铁

3．吸锡器和吸锡电烙铁

如图 2—1—13 所示，吸锡器实际是一个小型手动空气泵，压下吸锡器的压杆，就排出了吸锡器腔内的空气；释放吸锡器压杆的锁钮，弹簧推动压杆迅速回到原位，在吸锡器腔内形成空气的负压力，就能够把熔融的焊料吸走。吸锡烙铁是一种既可以吸锡，又可以焊接的特殊电烙铁，它是集拆、焊元器件为一体的新型电烙铁。它的使用方法是：电源接通 3～5s 后，把活塞按下并卡住，将锡头对准欲拆元器件引脚，待锡熔化后按下按钮，活塞上升，焊锡被吸入管。

吸锡器　　　　　　　　　　　　　　　吸锡电烙铁

图 2—1—13　吸锡器和吸锡电烙铁

4．热风枪

热风枪又称贴片电子元器件拆焊台（图 2—1—14）。它专门用于表面贴片安装电子元器件（特别是多引脚的 SMD 集成电路）的焊接和拆卸。热风枪由控制电路、空气压缩泵和热风喷头等组成。其中控制电路是整个热风枪的温度、风力控制中心；空气压缩泵是热风枪的心脏，负责热风枪的风力供应；热风喷头是将空气压缩泵送来的压缩空气加热到可以使焊锡熔化的部件。其头部还装有可以检测温度的传感器，把温度高低转变为电信号送回电源控制电路板；各种喷嘴用于装拆不同的表面贴片元器件。

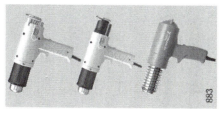

图 2—1—14　热风枪

5. 烙铁头

当焊接焊盘较大时可选用截面式烙铁头，如图 2—1—15 中的 1；当焊接焊盘较小时可选用尖嘴式烙铁头，如图 2—1—15 中的 2；当焊接多脚贴片 IC 时可以选用刀型烙铁头，如图 2—1—15 中的 3；当焊接元器件高低变化较大的电路时，可以使用弯型电烙铁头。

图 2—1—15　烙铁头

三、手工焊接的工艺流程和方法

手工焊接是传统的焊接方法，电子产品的维修、调试中会用到手工焊接。焊接质量的好坏也直接影响到维修效果。手工焊接是一项实践性很强的技能。

1. 手工焊接的条件

锡焊是焊接中的一种，它是将焊件和熔点比焊件低的焊料共同加热到锡焊温度，在焊件不熔化的情况下，焊料熔化并浸润焊接面，依靠二者原子的扩散形成焊件的连接。锡焊的条件是：

①被焊件必须具备可焊性；

②被焊金属表面应保持清洁；

③使用合适的助焊剂；

④具有适当的焊接温度；

⑤具有合适的焊接时间。

2. 手工焊接的方法

（1）电烙铁与焊锡丝的握法

手工焊接握电烙铁的方法有反握、正握及握笔式三种，如图 2—

1—16 所示。

图 2—1—16　手工焊接握电烙铁的方法

（2）手工焊接的步骤

①准备焊接。清洁焊接部位的积尘及油污、元器件的插装、导线与接线端钩连，为焊接做好前期的预备工作。

②加热焊接。将沾有少许焊锡的电烙铁头接触被焊元器件约几秒钟。若是要拆下印刷板上的元器件，则待烙铁头加热后，用手或镊子轻轻拉动元器件，看是否可以取下。

③清理焊接面。若所焊部位焊锡过多，可将烙铁头上的焊锡甩掉（注意不要烫伤皮肤，也不要甩到印刷电路板上！），然后用烙铁头"沾"些焊锡出来。若焊点焊锡过少、不圆滑时，可以用电烙铁头"蘸"些焊锡对焊点进行补焊。

④检查焊点。看焊点是否圆润、光亮、牢固，是否有与周围元器件连焊的现象。

（3）手工焊接的方法

如图 2—1—17 所示，手工焊接有以下四个步骤。

①加热焊件电烙铁的焊接温度由实际使用情况决定。一般来说，以焊接一个锡点的时间限制在 4s 最为合适。焊接时烙铁头与印制电路板成 45°，电烙铁头顶住焊盘和元器件引脚，然后给元器件引脚和焊盘均匀预热。

②移入焊锡丝。焊锡丝从元器件脚和烙铁接触面处引入，焊锡丝应靠在元器件脚与烙铁头之间加入焊件。

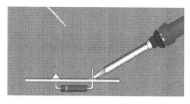 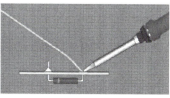

图 2—1—17　手工焊接方法

③移开焊锡。当焊锡丝熔化（要掌握进锡速度），焊锡散满整个焊盘时，即可以从 45°方向拿开焊锡丝。

④移开电烙铁。焊锡丝拿开后，烙铁继续放在焊盘上持续 1～2s，当焊锡只有轻微烟雾冒出时，即可拿开烙铁。拿开烙铁时，不要过于迅速或用力往上挑，以免溅落锡珠、锡点，或使焊锡点拉尖等，同时要保证被焊元器件在焊锡凝固之前不要移动或受到震动，否则极易造成焊点结构疏松、虚焊等现象。

四、 导线和接线端子的焊接

1. 常用连接导线

（1）单股导线

绝缘层内只有一根导线，俗称"硬线"，容易成形固定，常用于固定位置连接。漆包线也属此范围，只不过它的绝缘层不是塑胶，而是绝缘漆。

（2）多股导线

绝缘层内有 4～67 根或更多的导线，俗称"软线"，使用最为广泛。

（3）屏蔽线

在弱信号的传输中应用很广，同样结构的还有高频传输线，一般叫同轴电缆的导线。

2. 导线焊前处理

（1）剥绝缘层

导线焊接前要除去末端绝缘层。拔出绝缘层可用普通工具或专用工具，大规模生产中有专用机械。用剥线钳或普通偏口钳剥线时要注意对单股线不应伤及导线，多股线及屏蔽线不断线，否则将影响接头质量。对多股线剥除绝缘层时，注意将线芯拧成螺旋状，一般采用边拽边拧的方式。

（2）预焊

预焊是导线焊接的关键步骤。导线的预焊又称为挂锡，但注意导线挂锡时要边上锡边旋转，旋转方向与拧合方向一致，多股导线挂锡要注意"烛心效应"，即焊锡浸入绝缘层内，造成软线变硬，容易导致接头故障。

3．导线和接线端子的焊接

如图 2－1－18 所示，导线和接线端子的焊接有以下 3 种方式。

（1）绕焊

绕焊把经过上锡的导线端头在接线端子上缠一圈，用钳子拉紧缠牢后进行焊接，绝缘层不要接触端子，导线一定要留 1～3mm 为宜。

（2）钩焊

钩焊是将导线端子弯成钩形，钩在接线端子上并用钳子夹紧后施焊。

（3）搭焊

搭焊把经过镀锡的导线搭到接线端子上施焊。

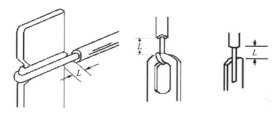

图 2－1－18　导线和接线端子的焊接

（4）杯形焊件焊接法

如图 2－1－19 所示，杯形焊件的焊接方法有如下四个步骤。

①往杯形孔内滴助焊剂。若孔较大，用脱脂棉蘸助焊剂在孔内均匀擦一层。

②用烙铁加热并将锡熔化，靠浸润作用流满内孔。

③将导线垂直插入孔的底部，移开烙铁并保持到凝固。在凝固前，导线切不可移动，以保证焊点质量。

④完全凝固后立即套上套管。

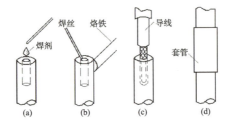

图 2-1-19 杯形焊件焊接方法

五、印制电路板上的焊接

1. 印制电路板焊接的注意事项

①电烙铁一般应选内热式 20～35W 或调温式，烙铁的温度以不超过 300℃为宜。烙铁头形状应根据印制电路板焊盘大小采用截面式或尖嘴式，目前印制电路板发展趋势是小型密集化，因此一般常用小型尖嘴式烙铁头（图 2-1-20）。

②加热时应尽量使烙铁头同时接触印制板上铜箔和元器件引脚，如图 2-1-20 所示，对较大的焊盘（直径大于 5mm）焊接时可移动烙铁，即烙铁绕焊盘转动，以免长时间停留一点，导致局部过热。

图 2-1-20 电路板焊接

③金属化孔的焊接，两层以上印制电路板的孔都要进行金属化处理。焊接时不仅要让焊料润湿焊盘，而且孔内也要润湿填充。因此金属化孔加热时间应长于单面板。

2. 印制电路板的焊接工艺

（1）焊前准备

要熟悉所焊印制电路板的装配图，并按图纸配料检查元器件型号、规格及数量是否符合要求。

（2）装焊顺序

元器件的装焊顺序依次是电阻器、电容器、二极管、三极管、集成电路、大功率管，其他元器件是先小后大。

（3）对元器件焊接的要求

①电阻器的焊接。如图 2-1-21 所示，将电阻器准确地装入规定位置，并要求标记向上，字向一致。装完一种规格再装另一种规格，尽量使电阻器的高低一致。焊接后将露在印制电路板表面上多余的引脚齐根剪去。

(a)单面板　　　　(b)双面板

图 2-1-21　电阻器焊接

②电容器的焊接。将电容器按图纸要求装入规定位置，并注意有极性的电容器其"＋"极与"－"极不能接错。电容器上的标记方向要易看得见。先装玻璃釉电容器、金属膜电容器、瓷介电容器，最后装电解电容器。

③二极管的焊接。正确辨认正、负极后按要求装入规定位置，型号及标记要易看得见。焊接立式二极管时，对最短的引脚焊接时，时间不要超过 2s。

④三极管的焊接。按要求将 e、b、c 三根引脚装入规定位置。焊接时间应尽可能短，焊接时用镊子夹住引脚，以帮助散热。焊接大功率三极管时，若需要加装散热片，应将接触面平整，打磨光滑后再紧固，若要求加垫绝缘薄膜片时，千万不能忘记管脚与线路板上焊点需要连接时，要用塑料导线。

⑤集成电路的焊接。将集成电路插装在印制线路板上，按照图纸要求，检查集成电路的型号、引脚位置是否符合要求。焊接时先焊集成电路边沿的两只引脚，以使其定位，然后再从左到右或从上至下逐个焊接。焊接时，烙铁一次沾取锡量为焊接 2～3 只引脚的量，烙铁头先接触印制电路的铜箔，待焊锡进入集成电路引脚底部时，烙铁头再接触引脚，接触时间以不超过 3s 为宜，而且要使焊锡

均匀包住引脚。焊接完毕后要检查，是否有漏焊、碰焊、虚焊之处，并清理焊点处的焊料。

六、 电子工业生产中的焊接方法

在电子产品大批量的生产企业里，印制电路板的焊接主要采用浸焊、波峰焊接和回流焊接。

1. 浸焊

（1）手工浸焊

手工浸焊是由专业操作人员手持夹具，夹住已插装好元器件的印制电路板，以一定的角度浸入焊锡槽内来完成的焊接工艺，它能一次完成印制电路板众多焊接点的焊接（图 2—1—22）。

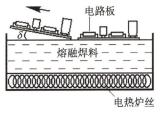

图 2—1—22　手工浸焊

（2）自动浸焊机

已插有元器件的待焊印制电路板由传送带送到工位时，焊料槽自动上升，待焊板上的元器件引脚与印制电路板焊盘完全浸入焊料槽，保持足够的时间后，焊料槽下降，脱离焊料，冷却形成焊点，完成焊接。由于印制电路板连续传输，在浸入焊料槽的同时，拖拉一段时间与距离，这种引脚焊盘与焊料的相对运动有利于排除空气与助焊剂挥发气体，增加湿润作用。

2. 波峰焊接技术

（1）波峰焊接的基本原理

如图 2—1—23 和图 2—1—24 所示，波峰焊机借助叶泵的作用，将熔化的液态焊料在焊料槽液面形成特定形状的焊料波，预先装有电子元器件的印制板置于传送链

图 2—1—23　波峰焊机

上，经过某一特定的角度及一定的浸入深度穿过焊料波峰，从而实现元器件引脚与印制电路板焊盘之间机械与电气连接的软铅焊。

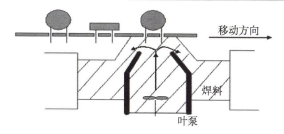

图 2—1—24　波峰焊接示意图

（2）波峰焊机工艺流程

（a）工艺流程

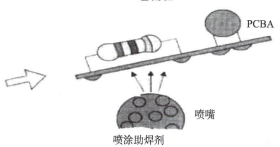

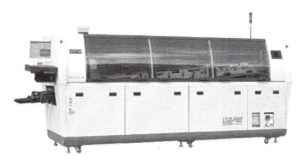

（b）波峰焊机实物外形

图 2—1—25　波峰焊接工艺流程

（3）焊点成型

如图 2－1－26 所示，当印制电路板进入焊料波峰面前端 A 时，电路板与元器件引脚被加热，并在未离开波峰面 B 之前，整个印制电路板浸在焊料中，即被焊料所桥连，但在离开波峰尾端 $B1\sim B2$ 某个瞬间，少量的焊料由于润湿力的作用，粘附在焊盘上，并由于表面张力的原因，会出现以元器件引脚为中心收缩至最小状态，此时焊料与焊盘之间的润湿力大于两焊盘之间焊料的内聚力。因此会形成饱满、圆整的焊点，离开波峰尾部时印制电路板各焊盘之间的多余焊料，由于重力的作用，回落到锡锅中。

3．双波峰焊接工艺

（1）双波峰焊接应用范围

通常单波峰焊接不能胜任双面贴插混装印制电路板的焊接，它会产生大量漏焊

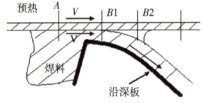

图 2－1－26　焊点成型

与桥连。为满足新的要求，双波峰焊接应运而生。

（2）双波峰焊接的基本工作原理

料有前后两个波峰，前一个波峰较窄，峰端有 3～5 排交错排列的小峰头。在这样多头的、上下左右不断快速流动的湍流波作用下，气体都被排除掉，表面张力作用也被削弱，从而所有待焊表面都获得良好的湿润。后一波峰为双方向的宽平波，焊料流动平坦而缓慢，可以去除多余焊料，消除桥连等不良现象。

4．焊接工艺简介

按照二次焊接的工艺安排共有四种不同的工艺组合方式。

①浸焊→剪脚→浸焊。这种工艺方式的设备成本较低，在小型电子企业应用较多，它适用于产品类型多，但产品数量少的焊接加工。由于两次都采用浸焊，产品焊接质量不高，产品焊接的一致性不理想。

②浸焊→剪脚→波峰焊。这种工艺方式适合生产产品焊接要求不太高的焊接加工。

③波峰焊→剪脚→波峰焊。这种工艺适用于手工插装元器件的

生产流水线。

④波峰焊→剪脚→浸焊。这种方式也是大型电子生产企业常采用的焊接方式，它更适用于两面混装的电路板焊接，浸焊是自动的，浸焊机一般带有震动或超声波，使焊锡能渗透到焊接点内部。

七、焊接质量的分析及拆焊

1. 焊接质量分析

产生焊点虚焊的原因及虚焊的危害，构成焊点虚焊主要有下列几种原因：

①被焊件引脚受氧化；

②被焊件引脚表面有污垢；

③焊锡的质量差；

④焊接质量不过关，焊接时焊锡用量太少；

⑤电烙铁温度太低或太高，焊接时间过长或太短；

⑥焊接时焊锡未凝固前焊件抖动。

虚焊给工厂的产品调试、产品维护带来重大隐患。有些电子产品虽然一时故障没有暴露，但由于焊件和焊锡间接触电阻大，在长期的工作中，温度不断增加，使焊点焊锡破裂，一有机械振动就造成接触不良。

2. 手工焊接质量分析

手工焊接常见的不良现象如表2—1—3所示。

表2—1—3　手工焊接常见的不良现象

焊点缺陷	外观特点	危害	原因分析
虚焊	焊锡与元器件引脚和铜箔之间有明显黑色界限，焊锡向界限凹陷	设备时好时坏，工作不稳定	1. 元器件引脚未清洁干净、未镀好锡或锡氧化； 2. 印制板未清洁干净，喷涂的助焊剂质量不好

焊点缺陷	外观特点	危害	原因分析
焊料过多	焊点表面向外凸出	浪费焊料,可能包藏缺陷	焊丝撤离过迟
焊料过少	焊点面积小于焊盘80%,焊料未形成平滑的过渡面	机械强度不足	1. 焊锡流动性差或焊锡撤离过早; 2. 助焊剂不足; 3. 焊接时间太短
过热	焊点发白,无金属光泽,表面较粗糙	焊盘强度低,容易剥落	烙铁功率过大,加热时间过长
冷焊	表面呈豆腐渣状颗粒,可能有裂纹	强度低,导电性能不好	焊料未凝固前焊件抖动
拉尖	焊点出现尖端	外观不佳,容易造成桥连短路	1. 助焊剂过少而加热时间过长; 2. 烙铁撤离角度不当
桥连	相邻导线连接	电气短路	1. 焊锡过多; 2. 烙铁撤离角度不当
铜箔翘起	铜箔从印制板上剥离	印制电路板已损坏	焊接时间太长,温度过高

3. 波峰焊的质量分析

波峰焊的常见不良现象见表2—1—4。

表2—1—4　波峰焊的常见不良现象

序号	现象	原因
1	沾锡不良	外界的污染物,如油、脂、蜡等;电路板制作过程中发生氧化;沾助焊剂方式不正确;吃锡时间不足或锡温不足

续表

序号	现象	原因
2	冷焊或焊点不亮	锡炉输送有异常振动，造成元器件在焊锡正要冷却时形成焊点振动
3	焊点破裂	焊锡、电路板、导线及零件脚之间膨胀系数配合不当
4	焊点锡量太大	锡炉输送带角度不正确会造成焊点过大
5	锡尖（冰柱）	电路板的可焊性差；锡槽温度不足；沾锡时间太短；出波峰后之冷却风流角度不当

七、拆焊

1. 拆卸工具

在拆卸过程中，主要用的工具有：电烙铁、吸锡枪、镊子等。

白光公司的 HAKO－484 型吸锡枪如图 2－1－27 所示，主要由吸锡控制器、吸锡枪泵、吸锡枪架等组成。

图 2－1－27 HAKO－484 型吸锡枪

2. 拆卸方法

（1）手插元器件的拆卸

①引脚较少的元器件拆法：一手拿着电烙铁加热待拆元器件引脚焊点，一手用镊子夹着元器件，待焊点焊锡熔化时，用夹子将元器件轻轻往外拉。

②多焊点元器件且引脚较硬的元器件拆法：采用吸锡器或吸锡

枪逐个将引脚焊锡吸干净后,再用夹子取出元器件,如图2—1—28所示。借助吸锡材料(如编织导线、吸锡铜网)靠在元器件引脚上,用烙铁和助焊剂加热后,抽出吸锡材料,将引脚上的焊锡一起带出,最后将元器件取出。

(2)机插元器件的拆卸

右手握住烙铁将锡点熔化,并继续对准锡点加热,左手拿镊子,对准锡点中倒角,将其夹紧后掰直。

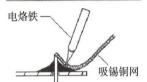

电烙铁

吸锡铜网

图2—1—28　元器件的拆除方法

用吸锡枪或吸锡器将焊锡吸净后,用镊子将引脚掰直后取出元器件。对于双列或四列扁平封装IC的贴片焊接元器件,可用热风枪拆焊,温度控制在350℃,风量控制在3~4格,对着引脚垂直、均匀地来回吹热风,同时用镊子的尖端靠在集成电路的一个角上,待所有引脚焊锡熔化时,用镊子尖轻轻将IC挑起。

八、　小结

①印制电路板的组装有手工组装和机器自动化组装,机器组装生产效率高,目前已经广泛应用在电子装配中。

②静电是一种自然的物理现象,气候越干燥,越容易产生静电,人体身上感应的静电可以达到几千伏,当人体接触到CMOS器件时,很容易造成元器件的损坏,因而电子组装时,一定要做好静电

防护。电子工厂常用的防静电材料有防静电服装、鞋帽、手套指套、静电环、静电运输工具。

③电子元器件在插装前要对元器件筛选，元器件引脚整形有手工整形和机械整形，元器件插装有立式插装、卧式插装和混合式插装。

④焊接材料包括焊料、助焊剂、阻焊剂，常用的焊料是共晶焊锡，常用的助焊剂有酒精松香和松香焊剂，电烙铁的种类很多，焊接印制电路板一般选用功率 $20\sim45W$ 的内热式电烙铁。

⑤电烙铁的握法有反握、正握和握笔法，焊接过程由准备、加热焊件、送入焊锡、移开焊锡、移开烙铁 5 个步骤组成。导线与接线端子的焊接有三种形式，即绕焊、钩焊和搭焊。

⑥印制电路板的焊接顺序是电阻器、电容器、二极管、三极管、集成电路、大功率管等，焊接时应注意焊接方法，同时要控制焊接时间，避免铜箔翘起。

⑦波峰焊接技术是一种成熟的电子装联工艺，其过程是装板、涂布焊剂、预热、波峰焊、热风刀处理、冷却、卸板。波峰有宽平波、湍流波和旋转波等，工艺要求较高的都采用双波峰焊接。二次焊接是对一次焊接的补充，有效提高焊接质量。

⑧常见焊点的质量问题有虚焊等，造成虚焊的原因有：被焊件引脚受氧化、被焊件引脚表面有污垢、焊锡的质量差、焊接质量不过关、焊接时焊锡用量太少、电烙铁温度太低或太高、焊接时间过长或太短、焊接时焊锡未凝固前焊件抖动。

⑨对引脚少的元器件拆焊直接用电烙铁和镊子，而引脚多的元器件拆焊，最好用吸锡工具，对贴片元件要用热风枪拆焊。

⑩观察图 2—1—29，指出焊接不良的原因。

过热　　　冷焊　　　拉尖　　　桥连　　　铜箔翘起

图 2—1—29　焊接不良

活动 3　自动化焊接技术

一、波峰焊开机操作注意事项

如图 2－1－30 和图 2－1－31 所示，波峰焊开机操作过程如下。

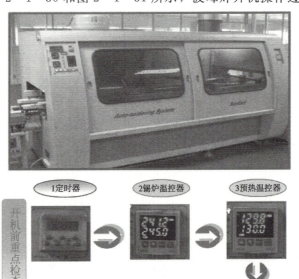

开机前重点检查项目流程图

1定时器　2锡炉温控器　3预热温控器

6气压表　5速度显示器　4助焊剂

图 2－1－30　波峰焊开机操作

①设定开关机时间和锡炉焊接参数；

②设定锡炉预热温度；

③开机前检查设备电源气压是否正确；

④检查气压和锡炉温度是否达到设定值；

⑤检查传送带是否正常运转，传动部位有无异物；

⑥检查助焊剂存量是否足够喷雾，喷嘴喷雾是否正常。

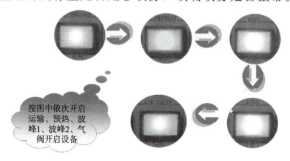

按图中依次开启运输、预热、波峰1、波峰2、气阀开启设备

图 2-1-31 开机过程

二、波峰焊基础知识

1. 什么是波峰焊

波峰焊是指将熔化的软钎焊料（铅锡合金），经电动泵或电磁泵喷流成设计要求的焊料波峰，也可通过向焊料池注入氮气来形成，使预先插装元器件的 PCB 印制板置于传送链上，经过某一特定的角度及一定的浸入深度，穿过焊料波峰而实现焊点焊接的过程。

2. 波峰焊接工艺

（1）波峰焊接流程

如图 2-1-32 所示为波峰焊接流程。

图 2-1-32 波峰焊接流程

（2）波峰面

波的表面均被一层氧化膜覆盖，它在沿焊料波表面的整个长度方向上，几乎都保持静态，在波峰焊接过程中，PCB 接触到锡波的表面，氧化膜破裂，PCB 前面的锡波无皱褶地被推向前进，这说明整个氧化膜与 PCB 以同样的速度移动。

（3）焊点成型

当PCB进入波峰面前端时，基板与引脚被加热，并在未离开波峰面之前，整个PCB浸在焊料中，即被焊料所桥连，但在离开波峰尾端的瞬间，少量的焊料由于润湿力的作用，粘附在焊盘上，并由于表面张力的原因，会以引线为中心收缩至最小状态，此时焊料与焊盘之间的润湿力大于两焊盘之间的焊料的内聚力。因此会形成饱满、圆整的焊点，离开波峰尾部的多余焊料，由于重力的作用回落到锡炉中。

（4）波峰高度

如图2－1－33和图2－1－34所示，为波峰焊接过程和焊接角度控制。

图2－1－33　波峰焊

波峰高度是指波峰焊接中的PCB吃锡高度。其数值控制在PCB板厚度的$1/2 \sim 2/3$，过高，会导致熔融的焊料流到PCB的表面，形成"桥连"；过低，易造成空焊漏焊。

波峰焊机在安装时除了使机器水平外，还应调节传送装置的倾角，通过倾角的调节，调控PCB与波峰面的焊接时间，有助于焊料液面与PCB更快地分离，使之返回锡炉内。减少桥连、包焊的产生

焊接角度控制在5°~7°

图2－1－34　焊接角度控制

（5）预热

预加热器定义：是由一个耐高温材料制成的加热箱体，发热管置于加热箱内（图2-1-35）。通过反射盘向外辐射热能来给PCB加热。

图2-1-35 预加热器

（6）助焊剂

锡焊助焊剂的主要成分是松节油或松香（图2-1-36），其助焊原理是松节油或松香在高温时汽化，汽化的松节油或松香与金属的氧化层发生化学反应，清除了氧化层的金属更有利于焊接。助焊剂密度为（0.812±0.02）g/cm³。

(a)忧诺型号   (b)忧诺型号
N3807-11   TF-800T2

图2-1-36 助焊剂

（7）焊料纯度对焊接质量的影响

焊料纯度对焊接质量的影响如图2-1-37所示。

波峰焊接过程中,焊料的杂质主要是来源于PCB上焊盘和元器件引脚的铜和氧化物,过量的铜会导致焊接缺陷增多

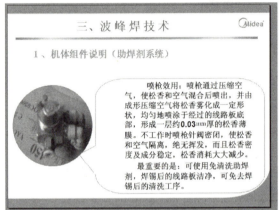

图 2—1—37　焊料纯度对焊接质量的影响

3. 助焊剂系统（松香效用）

助焊剂的作用主要有：辅助热传导，去除氧化物，降低被焊接材质表面张力，去除被焊接材质表面油污，增大焊接面积，防止再氧化等几个方面，在这几个方面中，比较关键的作用有两个：去除氧化物，降低被焊接材质表面张力。

4. 预热器加热系统

波峰焊机采用红外线发热管，较一般"电热管"加热速度快，比"石英管"效能快数倍，是基于省电为原则而设计的，并兼顾品质提升，减少锡柱等问题。且因用红外高温玻璃罩，辐射放能特殊，具有穿透物质能力，可使物质分子激烈振动和发热，从而获得高效率的加热效果。红外线发射之热能不受气流影响，并追踪加热对象之物体. 因此，一般发热线不能与它相比。

5. 预加热器系统作用

如图 2—1—38 所示，预加热器系统的作用是使已经涂覆了助焊剂的 PCB 板快速加热，松香与金属表面接触，当温度达到 90～110℃时会产生化学作用，使助焊剂活化，除去焊点处金属表面及元件脚的污染物（氧化物、油渍等），使助焊剂能发挥最佳的助焊剂效果；将助焊剂内所含水分蒸发、除去挥发溶剂，以减少焊锡时气泡的产生；同时提高 PCB 板及零件的温度，防止焊锡时 PCB 板突然受热而变形或元件因热量提升过快而损坏。

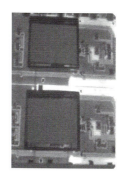

图 2—1—38　预加热系统

6. 助焊剂密度的测试

如图 2—1—39 所示，每周用比重计定时对助焊剂密度进行测试，助焊剂密度为 (0.812 ± 0.01) g/cm^3。

7. 锡炉系统

（1）锡炉炉胆

熔化后的锡由叶轮鼓动，沿特殊形状的锡炉内胆整形并流动，经不锈钢网过滤隔除锡焊渣，从波峰喷嘴流出，形成独特的保持无氧化锡面的焊锡波峰。

（2）锡炉发热管

焊锡炉胆内放置了三组发热管，采用分段、分时加热投入，使熔锡快速、均匀。

锡炉：双波峰锡炉由两个喷流的波峰炉胆组成前部喷流锡波及

后部平稳波峰，其波峰高度和平行移动速度均可调节。

前部波峰主要作用就是通过快速移动的锡波冲刷掉因"遮蔽效应"而滞留在贴装等元件背后的助焊剂，让焊点得到可靠的润湿；后部的平稳锡波则是进一步修整已被润湿但形状不规整的焊点，使之完美。锡炉所产生的波峰是通过由变频调速器调节马达转速来决定其高度的，马达速度可通过调速器来改变。

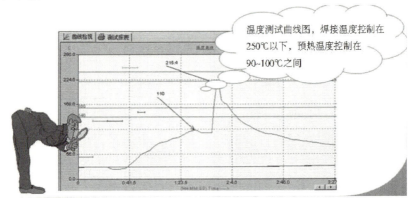

图 2—1—39　助焊剂密度的测试

8. 波峰系统的作用

如图 2—1—40 所示为波峰系统的作用示意图。

1.波峰平稳锡波波峰喷锡
口堵塞会造成机插元件漏焊
2.波峰倒流波喷锡口堵塞
会造成内贴片元件漏焊

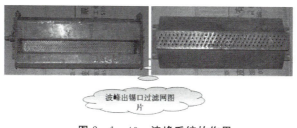

波峰出锡口过滤网图片

图2—1—40　波峰系统的作用

9. 焊料波峰的类型及其特点

目前在工业生产中运行的波峰焊接设备多种多样，从焊料波峰形状的类型来看，这些装置大致可分成两类。

（1）单向波峰式

这种喷嘴波峰焊料从一个方向流出的结构，在早期的设备上比较多见。现在，除空心波以外，其他单向波形在较新的机器上已不多见了。

（2）双向波峰式

这种双向波峰系统的特性是从喷嘴内出来的焊料到达喷嘴顶部后，同时向前、后两个方向流动，如图2—1—41所示。根据应用的需要，这种分流可以是对称的，也可以是不对称的，甚至在沿传送的后方向增加了延伸器，以使波峰在PCB拖动方向上变宽、变平，以减少脱离角。

目前最常用的是双向波峰式，由于波峰表面速度的分布特点，双向波峰式系统可把焊点拉尖问题减至最小。由于波峰中的焊料向前、后两个方向流动，这样在焊料波峰的表面上就必然存在一个相对速度为零的区域（图2—1—42）。在相对速度为零的区域附近退出，对无拉尖焊点的形成是极为重要的。

10. 温度控制

温度系统是由松下温控器进行控制，这里只说明一下锡炉的温度控制方式。

锡炉加热系统的控制：通常温度设定为245℃，温控器的误差范围设定在±1℃，加上温度漂移，锡炉的实际温度为（245±5）℃，实际温度控制方式：在升温过程中，当温度升高至244℃时，停止加热，由发热管的余热加温，温度最高时可以冲到248℃；在降温过程中，当温度降低到245℃时开始加热，由于发热管的升温需要一段时间，在温度下降到242℃时温度开始回升。

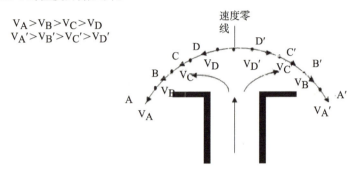

对称反向波峰焊料流速度分布

图 2－1－41　**双向波峰系统**

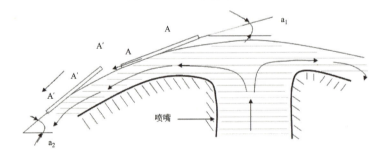

图 2－1－42　**PCB 顺向运动时管道内的流速分布**

11．常见参数

（1）波峰高度

波峰高度是指波峰焊接中的 PCB 吃锡高度（图 2－1－43）。其数值通常控制在 PCB 板厚度的 1/2～2/3，过大，会导致熔融的焊料流到 PCB 的表面，形成桥连和 PCB 的损坏。

图 2—1—43 波峰高度

（2）传送倾角

如图 2—1—44 所示，波峰焊机在安装时除了使机器水平外，还应调节传送装置的倾角，倾角的调节可以调控 PCB 与波峰面的焊接时间，适当的倾角有助于焊料液与 PCB 更快地脱离，使之返回锡槽内。

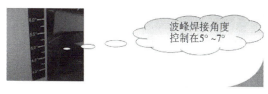

图 2—1—44 传送倾角

（3）焊料纯度对焊接的影响

在波峰焊接过程中，焊料的杂质主要是 PCB 上焊盘和元器件引脚的铜和氧化物，过量的铜会导致焊接缺陷增多。

（4）工艺参数的调整

波峰焊机的工艺参数：带速、预热时间、焊接时间和倾角之间需要互相协调。

影响焊接质量不良分析及解决对策（图 2—1—45）。

①拉尖。原因分析如下：

a. 元器件引脚有毛刺；

b. 锡炉焊接温度过低；

c. 预热温度过高或时间过长；

d. 焊锡时间太长；

e. 助焊剂密度太低，喷雾不正常。

②焊点上有气孔。原因分析如下：

a. 元器件引脚受污染；

b. PCB 板氧化；

c. PCB 受污染或受潮。

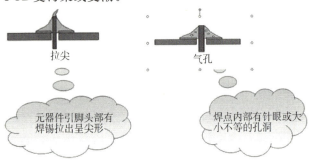

拉尖　　　　　　　气孔

元器件引脚头部有焊锡拉出呈尖形

焊点内部有针眼或大小不等的孔洞

图 2—1—45　焊接质量不良原因分析

③短路插件位置不当，夹具损坏，元器件引脚过长，锡温过低，焊锡时间过长，助焊剂选择错误，助焊喷雾不正常，焊锡波不正常，有扰流现象，焊接角度过小。

④抗焊现象。原因分析：零件污染，印刷电路板氧化，焊液杂质过多，焊锡时间太短。

⑤过量焊锡（包焊，图 2—1—46）。原因分析：夹具损坏，第二次再过锡，抗焊印刷不够，锡液杂质多（芜湖、武汉炉焊锡铜，磷杂质较多，日本主板引起锡焊盘焊接角度过小）。

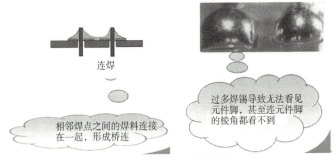

连焊

过多焊锡导致无法看见元件脚，甚至连元件脚的棱角都看不到

相邻焊点之间的焊料连接在一起，形成桥连

图 2—1—46　过量焊锡

⑥冷焊（图 2—1—47）。原因分析：传送带微振现象，速度太快，波峰焊接高度不够，焊锡波面不正常，夹具过热。

因温度不够造成的表面焊接现象，无金属光泽

基材元器件插入孔全部露出，元器件引脚及焊盘未被焊料润湿

图 2—1—47　冷焊

⑦空焊。原因分析：印制电路板氧化，受污染，助焊剂喷雾不正常，焊锡波不正常，有扰流现象，预热温度太高，焊锡时间太短。

⑧焊球现象（锡珠，图 2—1—48）。原因分析：助焊剂喷雾不正常，锡液杂质过多，波峰锡面不平稳，印刷电路板及零件受污染，预热温度太高、太低，焊锡时间太短，焊接过程中轨道有抖动现象。

成圆形锡珠黏在底板或板面的表面上

图 2—1—48　焊球现象

三、波峰焊的故障分析原因及解决对策

喷雾系统异常如图 2—1—49 所示。

查看气压是否正常，检查各光电开关上面有无异物,是否损失

检查喷嘴是否完好，周围有无助焊剂残留和异物阻塞，检查喷雾系统气管有无破裂和阻塞

图 2—1—49　喷雾系统

四、 波峰焊日常保养和维护知识

①定期检查加热管电压是否正常，过高的电压会使加热管损坏。

②当预热器温度因异常而过高时，控制回路会自动将预器电源切断，并报警指示，以保护温控及加热部件，若运行中温度控制表的指示温度波动太大，不能趋于稳定，则可能是报警温度限值设置得太低，应适当加大；或者是无触点开关已经击穿，或者发热管已经被烧断，应给予更换。

③经常测试 PCB 基板底部的温度，以保证最佳的焊锡效果。

④检查高温区域的电线是否老化，以防电流中断。

任务二　表面安装技术

表面安装元器件的识别

活动 1

一、 识别

1. 二极管

二极管可分为玻璃和塑封的、发光和非发光等（图 2—2—1）。

图 2-2-1　二极管识别

普通二极管的负极是有颜色标定的，分为白色、红色或黑色。

发光二极管是用引脚长短标记，短的为负极。

①对发光二极管来说，DS＊＊＊＊为发光贴片二极管在 PCB 上标记。板上加粗的一端对应正极，如图 2-2-2 所示。

图 2-2-2　发光贴片二极管

②对普通二极管来说，PCB 板上加粗的一端对应负极（图 2-2-3）。

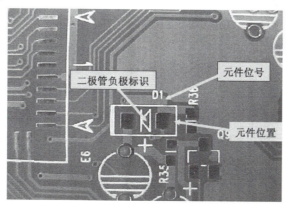

图 2-2-3　普通二极管

2. 三极管

按照三极管的加工工艺可以将三极管分为 NPN 管、PNP 管、MOS 管（图 2—2—4）。

① SOT 一般有 SOT23、SOT89 和 SOT143 三种。

SOT23 是通用的表面组装三极管。

SOT89 适用于较高功率。

SOT143 一般用作射频晶体管。

②SOT 封装既可用作晶体管，也可用作二极管。

图 2—2—4　三极管

③SOT 的焊接条件为：波峰焊/再流焊，230～260℃，5～10s，SOT 为小外形封装晶体管。

④按芯片的外形、结构分大致有：DIP、SIP、ZIP、S－DIP、SK－DIP、PGA，属引脚插入型；SOP、MSP、QFP、SVP、LCCC、PLCC、SOJ、BGA、CSP 为表面贴装型（图 2—2—5）。

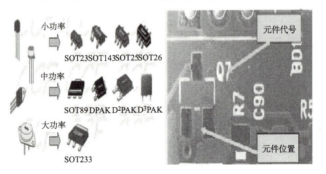

图 2—2—5　表面贴装型三极管

3. 常见的贴装 IC

为 SOJ（双排内侧 J 形）、PLCC（四方 J 形引脚）、QFP（正四方）、BGA（底部球状形）四种形式。

（1）SOP（Small Outline Package）

芯片宽度小于 0.15in，电极引脚比较少（一般在 8～40 脚之间）。

（2）SOL

芯片宽度在 0.25in 以上，电极引脚数目在 44 以上。

（3）SOW

芯片宽度在 0.6in 以上，电极引脚数目在 44 以上。

（4）SOJ

引脚形状为 J 形引脚（图 2－2－6）。

图 2－2－6　封装引脚

SOJ 封装 IC（双排直列 J 形内侧）：SOJ 封装 IC（双排直列），IC 的丝印面具有型号丝印、方向指示缺口、第一脚指示标记（图 2－2－7）。

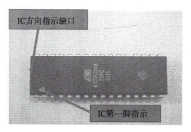

图 2－2－7　SOJ 封装 IC

SO 极性识别如图 2－2－8 所示。

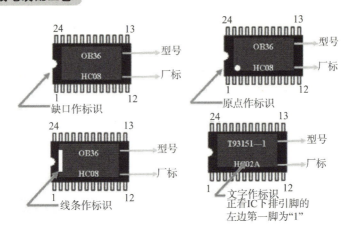

图 2-2-8 SO 极性识别

4. 无引脚芯片载体

封装加入代表封装材料的字母以区别无引线芯片载体 LCC，如图 2-2-9 所示，有以下几种方式。

① LCCC 代表陶瓷封装；

② PLCC 代表塑膜封装；

③ MLCC 代表金属封装等；

④ 其中以 PLCC 最常用。

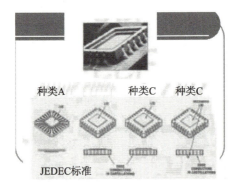

图 2-2-9 无引脚芯片载体

（1）LCCC

无引线陶瓷封装载体。在陶瓷基板的四个侧面都设有电极焊盘而无引脚的表面贴装型封装。用于高速、高频集成电路封装（图2—2—10）。

一般用陶瓷基片，其特点是：

①结构坚固，无引脚附带的问题；

②多用于高温环境、军用和航天工业；

③电极数有16～156脚，间距有1.0mm、1.27mm两种，多采用标准1.27mm。

优点：无引脚寄生参数小（干扰小），稳定性好。

缺点：应力小，焊接易爆裂。

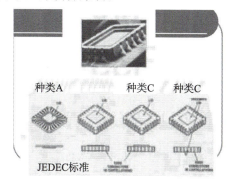

图2—2—10　无引线陶瓷封装

（2）PLCC

无引线塑料封装载体。一种塑料封装的LCC，也用于高速、高频集成电路封装（图2—2—11）。

特点是：

①引脚一般采用J形设计。J形引脚不好检修；

②引脚数为16～100脚，引脚间距采用标准1.27mm，引线强度高，不易变形，共面性好；

③多用作可编程存储器的封装。

封装面　　　封装底

图 2—2—11　无引线塑料封装

（3）QFP

① 矩形四边都有电极引脚。

② 引脚数目最少为 28 脚，最多为 300 脚以上。

③ 引脚间距最小的是 0.4mm（最小极限 0.3mm），最大的是 0.57mm。

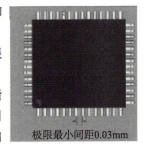

极限最小间距0.03mm

图 2—2—12　QFP

QFP 引脚识别（图 2—2—12）：将方向指示标记朝左并靠近自己，正对自己的一排引脚左边第一脚为 IC 的第一脚，按逆时针方向依次为第二脚至第 N 脚。

（4）BGA

如图 2—2—13 所示，BGA 含义是 Ball Grid Arrays 的缩写，中文含义就是"球栅阵列"。

图 2—2—13　BGA

BGA 特点：

①引脚多采用球形，在陶瓷 BGA 上有采用柱形的；

②引脚间距有 1.0mm、1.27mm、1.5mm，引脚数为 169～480 脚（图 2－2－14）；

③引脚数多达 800 脚以上；

④CSP 前身；

⑤比 QFP 组装密度高；

⑥体形薄；

⑦较好的电气性能；

⑧引脚较坚固；

⑨焊点不可见；

⑩返修设备和工艺需求较高；

⑪工艺规范难度大；

⑫可靠性不如有引脚元件。

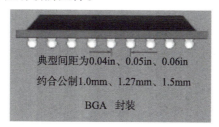

图 2－2－14 BGA 封装

BGA 极性识别如图 2－2－15 所示。

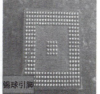

图 2－2－15 BGA 极性识别

IC 器件在 PCB 上的标记：对于一般 IC 在 PCB 上实装时，都是部品框线条较粗的一侧与 IC 有标记的一侧相对应（图 2－2－16）。

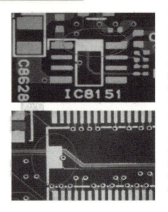

图 2－2－16　PCB 标记

对于 BGA 芯片及 QFP 芯片，在 PWB 上实装时都是部品框一角有一个三角箭头或圆点与 IC 部品上的标记相对应（图 2－2－17）。元器件与代号见表 2－2－1。

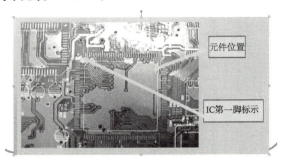

图 2－2－17　元件位置标记

表 2－2－1　元器件与代号

Chip	片电阻、电容等，尺寸规格：0201，0402，0603，0805，1206，1210，2010 等。钽电容，尺寸规格：TANA，TANB，TANC，TAND
SOT	晶体管：SOT23，SOT143，SOT89，TO－252
Melf	圆柱形元件、二极管、电阻等
SOIC	集成电路，尺寸规格：SOIC08，14，16，18，20，24，28，32

续表

QFP	密脚距集成电路
PLCC	集成电路，PLCC20，28，32，44，52，68，84
BGA	球栅阵列包装集成电路，阵列间距规格：1.27，1.00，0.80
CSP	集成电路，元件边长不超过里面芯片边长的1.2倍，阵列间距0.50的 μBGA

5. 晶振

晶振是一种通过一定电压激励产生固定频率的一种电子元器件，被广泛用于家电仪器和电脑（图2－2－18）。

类型分为：无源晶振、有源晶振。

①无源晶振一般只有两只引脚；

②有源晶振一般为四只引脚，并且在插机

图2－2－18　晶振

时对相应脚位有严格的要求，如果插反方向会将晶振损坏。

（同时贴片晶振的振膜很薄，拿取时要轻拿轻放）。

晶振在PCB板上的标识如图2－2－19所示。

图2－2－19　晶振标识

二、元件识读

1. 电阻

①基本功能：限制电路中的电流。

②单位及符号：欧姆（Ω）。

③在 PCB 上的代号：R。

④分类：PTH 电阻；SMD 电阻。

⑤换算公式：$1M\Omega=1000k\Omega$；$1k\Omega=1000\Omega$。

⑥喷码读取：前两位有效数字；第三位补 0 的个数（图 2-2-20）。

图 2-2-20　电阻喷码读数

2. 电容

电容的外形如图 2-2-21 所示，电容具有以下特点。

①基本功能：存储电荷，阻直流，通交流。

②单位及符号：法拉（F）。

③在 PCB 上的代号：C。

④分类：PTH 电容和 SMD 电容。

⑤换算公式：$1F=1000mF$；$1mF=1000\mu F$；$1\mu F=1000nF$；$1nF=1000pF$。

⑥直流工作电压：6.3V、10V、25V、50V、63V、100V、200V。

图 2-2-21　电容

多层陶瓷电容（MLCC）根据材料分：Class1，Class2。

Class1 是温度补偿型；

Class2 是温度稳定型和普通应用的。

Class1——通常没有老化特性，是最稳定的电容。

最常用的是 COG（NPO）。

Class2——有很大的电容容量和温度稳定性。

最常用的是 X7R 和 Y5V。

区别：

X7R——温度范围在−55～125℃之间，能提供仅有±15％变化的中等容量的电容容量。

Y5V——温度范围在−30～85℃之间，容值变化是 22％～82％，且能提供最大的电容容量。

3．电感

如图 2−2−22 所示为电感和磁珠的区别。

①基本功能：存储电路中的磁场能，阻交流，通直流。

②单位及符号：亨利（H）。

③在 PCB 上的代号：L。

④分类：PTH 电感和 SMD 电感。

⑤换算公式：$1H=1000mH$；$1mH=1000\mu H$。

区别：
- 电感是储能元件
- 磁珠是能量转换（消耗）元件
- 电感多用于电源滤波回路
- 磁珠多用于信号回路

图 2−2−22 电感和磁珠的区别

4．变压器

变压器的使用注意事项见图 2−2−23。

①基本功能：将能量从一个回路传递到另一个回路。

②在 PCB 上的代号：T。

③分类：声频变压器；隔离变压器；功率变压器。

5．二极管

二极管的分类见图 2−2−24。

•上下班要交接

•不宜袋装，管脚容易变形

•用多少，撕多少。一般为带状

•高处掉下容易损坏

图2—2—23 变压器使用注意事项

①基本功能：限制电流朝一个方向流动。

②在 PCB 上的代号：D、LED、ZD。

③稳压二极管常见工作电压：3.3V；5.1V；6.2V。

★分类：

| 整流二极管 |
| 稳压二极管 |
| 检波二极管 |
| 发光二极管 |
| 开关二极管 |
| 光电二极管 |

•二极管是极性元件

•条状符端为负极

•LED 绿色小点为负性

图2—2—24 二极管分类

6. 三极管

①基本功能：控制电压和电流的增益。

②在 PCB 上的代号：Q。

7. 晶振

①基本功能：产生特定的频率来控制电路的时序。

②单位及符号：赫兹（Hz）。

③在 PCB 上的代号：X、Y。

④换算公式：1MHz＝1000kHz；1kHz＝1000Hz。

8. 芯片（IC）

芯片的封装分类见图2—2—25。

① 基本功能：将元件集成在半导体晶片或介质基片上来完成电路功能。

②在 PCB 上的代号：U。

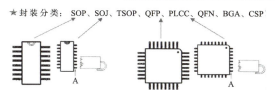

★封装分类：SOP、SOJ、TSOP、QFP、PLCC、QFN、BGA、CSP

图 2—2—25　芯片封装分类

三、　元器件选用标准

①元器件的外形适合自动化表面贴装，元件的上表面应易于使用真空吸嘴吸取，下表面具有使用胶黏剂的能力；

②尺寸、形状标准化，并具有良好的尺寸精度和互换性；

③包装形式适合贴装机自动贴装要求；

④具有一定的机械强度，能承受贴装机的贴装应力和基板的弯折应力；

⑤元器件的焊端或引脚的可焊性符合要求；

$(235\pm5)℃,(2\pm0.2)s$ 或 $(230\pm5)℃,(3\pm0.5)s$,焊端 90% 沾锡。

⑥符合再流焊和波峰焊的耐高温焊接要求；

再流焊：$(235\pm5)℃,(2\pm0.2)s$。

波峰焊：$(260\pm5)℃,(5\pm0.5)s$。

⑦可承受有机溶剂的洗涤。

活动 2　**表面元件的焊接技术**

一、　用贴片机焊接表面贴装元件

贴片机的外观如图 2—2—26 所示。

典型的表面贴装工艺分为三步：①施加焊锡膏；②贴装元器件；③回流焊接。

1. 什么是回流焊接

首先 PCB 进入 140～160℃ 的预热温区时，焊膏中的溶剂、气体蒸发掉，同时，焊膏中的助焊剂润湿焊盘、元器件焊端和引脚，焊膏软化、塌落、覆盖了焊盘，将焊盘、元器件引脚与氧气隔离；并使表贴元件得到充分的预热，接着进入焊接区时，温度以 2～3℃/s 国际标准升温速率迅速上升，使焊膏达到熔化状态，液态焊锡在 PCB 的焊盘、元器件焊端和引脚润湿、扩散、漫流和回流混合，在焊接界面上生成金属化合物，形成焊锡接点；最后 PCB 进入冷却区，使焊点凝固。

图 2—2—26　贴片机

2. 回流焊机

回流焊机也叫再流焊机，是伴随微型化电子产品的出现而发展起来的焊接技术，主要应用于各类表面组装元器件的焊接（图 2—2—27）。预先在电路板的焊盘上涂上适量和适当形式的焊锡膏，再把 SMT 元器件贴放到相应的位置；焊锡膏具有一定黏性，使元器件固定；然后让贴装好元器件的电路板进入再流焊设备。

图 2—2—27　回流焊机

二、手工焊接

手工焊接虽然已难以胜任现代化的生产，但仍有广泛的应用，比如电路板的调试和维修，焊接质量的好坏也直接影响到维修效果。它在电路板的生产制造过程中的地位是非常重要的、必不可少的。

1. 焊接工具介绍

电子元器件的焊接工具主要是电烙铁。

辅助工具有：尖嘴钳、斜口钳、剥线钳、镊子和螺丝刀。

烙铁：分为外热式和内热式两种，如图2—2—28和图2—2—29所示。

①外热式功率大。

②内热式电烙铁发热快。

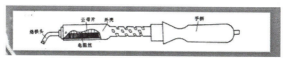

图2—2—28 外热式

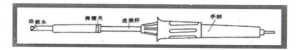

图2—2—29 内热式

烙铁头的形状如图2—2—30所示。

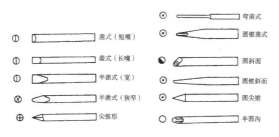

图2—2—30 烙铁头形状

2. 电烙铁的使用方法

手工焊接握电烙铁的方法有正握、反握及握笔式三种（图2—2—31），焊接元器件及维修电路板时以握笔式较为方便。

电烙铁的使用：

①焊接印制电路板元件时一般选用25W的外热式或20W的内热式电烙铁；

②装配时必须用有三线的电源插头；

③烙铁头一般用紫铜制作；

④电烙铁在使用一段时间后，应及时将烙铁头取出，去掉氧化物再重新使用。

(a)反握法　(b)正握法　(c)握笔法

图 2－2－31　电烙铁握法

3. 锡焊的条件和要求

（1）锡焊的条件

①被焊件必须具有可焊性。可焊性也就是可浸润性，它是指被焊接的金属材料与焊锡在适当的温度和助焊剂作用下形成良好结合的性能。在金属材料中，金、银、铜的可焊性较好，其中，铜应用最广，铁、镍次之，铝的可焊性最差。

②被焊金属表面应保持清洁。氧化物和粉尘、油污等会妨碍焊料浸润被焊金属表面。在焊接前可用机械或化学方法清除这些杂物。

③使用合适的助焊剂。使用时必须根据被焊件的材料性质、表面状况和焊接方法来选取。

④具有适当的焊接温度。温度过低，则难于焊接，造成虚焊，温度过高会加速助焊剂的分解，使焊料性能下降，还会导致印制板上的焊盘脱落。

⑤具有合适的焊接时间。应根据被焊件的形状、大小和性质等来确定焊接时间。过长易损坏焊接部位及元器件，过短则达不到焊接要求。

（2）锡焊的要求

①焊点机械强度要足够。因此要求焊点有足够的机械强度。利用把被焊元器件的引线端子打弯后再焊接的方法可增加机械强度。

②焊接可靠，保证导电性能。为使焊点有良好的导电性能，必须防止虚焊。虚焊是指焊料与被焊物表面没有形成合金结构，只是简单地依附在被焊金属的表面上，如图 2－2－32 所示。

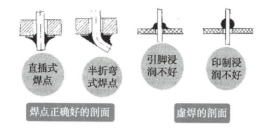

直插式焊点　半折弯式焊点　引脚浸润不好　印制浸润不好

焊点正确好的剖面　　　　虚焊的剖面

图 2—2—32　焊接缺陷

③焊点上焊料应适当。过少，机械强度不够；过多，浪费焊料，并容易造成焊点短路。

④焊点表面应有良好的光泽。主要跟使用温度和助焊剂有关。

⑤焊点要光滑，无毛刺和空隙。

⑥焊点表面应清洁。

4. 贴片元件焊接方法

（1）点胶

元件放平，否则脚少元件（比如贴片电阻）热胀冷缩，会把电阻的一头拉断，很难发现。

①使用贴片红胶固定元件；

②利用松香固定元件，成本低。

（2）管脚少的元件点焊

需要用比较尖的烙铁头对着每个引脚焊接。先焊一个脚。

（3）管脚多的元件（比如芯片）拖焊

①目视将芯片的引脚和焊盘精确对准，目视难分辨时，还可以放到放大镜下观察有没有对准。电烙铁上少量焊锡并定位芯片（不用考虑引脚粘连问题），定位两个点即可（注意：不是相邻的两个引脚）。

②将脱脂棉团成若干小团，大小比 IC 的体积略小。如果比芯片大，焊接的时候棉团会碍事。

③用毛刷将适量的松香水涂于引脚或线路板上，并将一个酒精棉球放于芯片上，使棉球与芯片的表面充分接触以利于芯片散热。

④适当倾斜线路板。在芯片引脚未固定那边，用电烙铁拉动焊

锡球沿芯片的引脚从上到下慢慢滚下,同时用镊子轻轻按酒精棉球,让芯片的核心保持散热;滚到头的时候将电烙铁提起,不让焊锡球粘到周围的焊盘上。

⑤把线路板弄干净。

⑥放到放大镜下观察有没有虚焊和粘焊的,可以用镊子拨动引脚看有没有松动的。其实熟练此方法后,焊接效果不亚于机器!

三、 表面元件拆焊要点

1. 要求

①严格控制加热的温度和时间;

②拆焊时不要用力过猛;

③吸去拆焊点上的焊料。

2. 间断加热拆焊

(1) 小元件的拆卸

①将线路固定,仔细观察欲拆卸的小元件的位置。

②将小元件周围的杂质清理干净,加注少许松香水。

③调节热风枪温度270℃,风速在1~2挡。

④距离小元件2~3cm,对小元件均匀加热。

⑤待小元件周围焊锡熔化后,用手指钳将小元件取下。

(2) 贴片集成电路的拆卸

①将线路板固定,仔细观察欲拆卸集成电路的位置和方位,并做好记录,以便焊接时恢复。

②用小刷子将贴片集成电路周围的杂质清理干净,往贴片集成电路周围加注少许松香水。

③调好热风枪的温度和风速,温度开关一般至300~350℃,风速开关调节2~3挡。

④使喷头和所拆集成电路保持垂直,并沿集成电路周围管脚慢速旋转,均匀加热,待集成电路的管脚焊锡全部熔化后,用医用针头或手指钳将集成电路掀起或镊走,且不可用力,否则,极易损坏集成电路的锡箔。

（3）安全注意事项

①温度不能超过 300℃。

②操作过程中不要拿着电烙铁嬉戏打闹。

③不要甩电烙铁头上的锡，防止伤及他人。

思考：

焊接时不上锡怎么办？

拆焊集成块的时候怎么做才能把锡完全弄干净？

项目三　　整机装配与调试

任务一　超外差式收音机的组装
［DS05－7B（七管）］

一、收音机的原理分析

1. 组成框图

超外差式收音机是相对于直接放大式收音机而言的，超外差放大式收音机结构框图如图 3－1－1 所示。

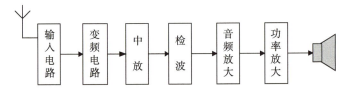

图 3－1－1　超外差式放大式收音机结构框图

超外差式收音机先将高频信号通过变频变成中频信号，此信号的频率高于音频信号频率，其频率固定为 465kHz。由于 465kHz 取自于本机振荡信号频率与外部高频信号频率之差，故称为超外差。即

f（中频）　　＝　　$f0$（本振）　　　－　　　fs（高频调幅信号）
465kHz　　　1000～2070kHz　　　535～1605kHz

2. DS05－7B（七管）超外差收音机工作原理

电路工作原理如图 3－1－2 所示。

（1）接收回路（CA、T1）

LC 串联谐振回路在其固有振荡频率等于外界某电磁波频率时产生串联谐振，从而将某台的调幅发射信号接收下来，并通过线圈耦合到下一级电路。

（2）变频电路（V1、CB、T2、T3）

作用：将天线回路的高频调幅信号变成频率固定的中频调幅信号。

原理：利用晶体管（V1）的非线性特性，对输入信号的频率进行合成，得到多个频率不同的输出信号，并通过选频回路选择所需要的信号。

在超外差收音机中，用一只晶体管同时产生本振信号和完成混频工作，这种电路称为变频电路。

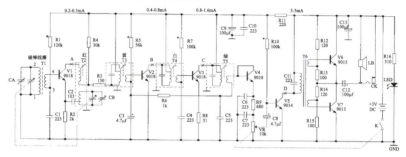

图 3-1-2　收音机电路工作原理图

（3）中频放大电路（V2、T4、V3、T5）

作用：将中频信号放大。

要求：

①有足够的中放增益（60dB），常采用两级放大；

②有合适的通频带（10kHz）。

频带过窄，音频信号中各频率成分的放大增益不同，将产生失真；频带过宽，抗干扰性将减弱，选择性降低。

为了实现中放级的幅频特性，中放级都以 LC 并联谐振回路为负载的选频放大器组成，级间采用变压器耦合方式。

注：本次综合实验中所用到的中频变压器（中周）不可互换，且厂家已经调整好，不要调整。

（4）检波电路（V4、C8、C9、R9、W）

V4 在电路中的使用相当于一个二极管。

原理：当 V4 输入某一正半周峰值时，V4 导通，C6 充电，当 V4 的输入电压小于 C6 上的电压时，V4 截止，C6 放电，放电时间常数远大于充电时间常数，这样在放电时 C6 上的电压变化不大。在下一个峰点到来时，V4 导通，C6 继续充电……这样就能将中频信号中包含音频信息的包络线检测出来。

（5）低放和功放（V5、V6、V7、T6）

作用：对音频信号的幅度和功率进行放大，推动扬声器。

低放：V5。

功放：主要由 V6、V7 组成的互补对称功率放大器构成。

二、 DS05－7B （七管） 超外差收音机组装

1. 基本元器件电阻、电容的识别

（1）电阻（R）

①分类：电阻从原理上分为固定电阻器和可变电阻器（包括可变电位器），从材料上分为碳膜、金属膜、金属氧化膜。从制作上又分为线绕、陶瓷（薄膜和厚膜）、水泥、玻璃釉等。

②电阻的基本单位是：Ω（欧姆）、kΩ（千欧）、MΩ（兆欧）。它们的换算如下：

$$1k\Omega = 1000\Omega；1M\Omega = 1000k\Omega = 1000000\Omega$$

③电阻的标称功率：W（瓦特）。

常用电阻的标称功率有 W/16、W/8、W/4、W/2、1W、2W、5W、10W 等。

④电阻的标称及识别方法：电阻阻值的标称一般使用色环方法表示（图 3－1－3）。其中又有 4 环和 5 环之分，4 环电阻误差比 5 环电阻要大，一般用于普通电子产品，而 5 环电阻一般都是金属氧化膜电阻，主要用于精密设备或仪器。

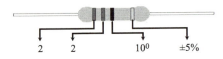

2   2 10^0 ±5%

图 3－1－3　色环表示法

对应电阻值：$22\times100\pm5\%$

（2）电容（C）

按结构可分为：固定电容，可变电容，微调电容。

按介质材料可分为：气体介质电容，液体介质电容，无机固体介质电容，有机固体介质电容，电解电容。

按极性分为：有极性电容和无极性电容。我们最常见到的就是电解电容。

电容的基本单位是：F（法），μF（微法），nF（纳法），pF（皮法），它们的换算如下：

$$1F=1000000\mu F；1\mu F=1000nF=1000000pF$$

电容标称值的识别：电解电容有极性。

正负极的判别：①、②。

标称值的判别：从电容侧面可以读出电容的容值和耐压值。

其他无极性电容：瓷片电容。

标称值的判别：

直接标称法。如果数字是 0.001，那它代表的是 $0.001\mu F$，如果是 10n，那么就是 10nF，同样，100p 就是 100pF。

不标单位的直接表示法：用 1～3 位数字表示，容量单位为 pF，如 $103=10\times10^3pF$。

色码表示法：类似电阻的色码。

2. 组装前的准备工作

①参照元器件清单清点元器件的种类和数目，并用万用表检查各元器件的参数是否正确及是否损坏。

a. 电阻的检查：通过电阻的色环读出各电阻的电阻值，并用万用表进行验证，检查其数量与参数是否与清单一致。

b. 电容的检查：用万用表的欧姆挡检查电容有无短路、断路。好的电容在用万用表检查时有明显的充电过程。

c. 二极管的检查：单向导电性是否存在？并判别其极性。

d. 三极管的检查：三极管各 PN 结单向导电性是否存在？

e. 天线线圈、中周、输入变压器的检查：检查天线线圈、中周、输入及输出变压器各电感线圈是否存在开路？

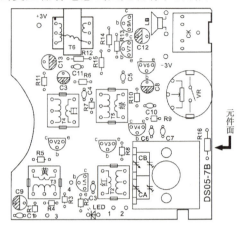

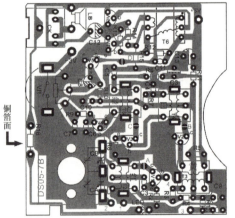

图 3—1—4

②对照原理图检查印刷电路板布线及各元器件位置是否正确。要求能清楚地将原理图和印刷电路的元器件和连线对应起来。

③处理元器件各管脚（去氧化层）并镀锡。在处理过程中可用小刀刮掉各管脚氧化物到管脚发亮（处理管脚也可在焊接过程中进行）。

特别注意：天线线圈、中周、输入及输出变压器需要处理时应小心，一般情况下，它们的引线均已镀锡，可不处理。

3．组装、焊接

（1）工具及消耗品

烙铁、镊子、螺丝刀、焊锡、剪刀等。

（2）组装焊接注意事项：

①注意安全

a）烙铁电源线是否存在漏电隐患！

b）烙铁在焊接中温度较高，严禁烫伤他人和自己。也不要碰到其他任何可燃物，特别是导线！

c）烙铁放置：置于烙铁架上。

②注意各中周及振荡线圈的位置不能互换！

③电解电容、二极管极性以及三极管 e、b、c 不能出错！

④各元器件高度应适当，所有元器件高度均不能超过中周的高度。否则收音机外壳将无法合拢。

（3）安装工艺及焊接要求

原则：方便焊接。

从左到右，从大到小，从上到下，从中央到四周。

由于所有元器件高度均不应该超过中周，组装顺序可按如下步骤执行：

① 电阻；②瓷片电容、电解电容；③二极管、三极管；④中周、输入变压器；⑤电位器；⑥双联可变电容、天线线圈；⑦耳机；⑧喇叭导线、电源线及其他导线。

实际组装顺序可根据实际情况进行。

（4）焊接过程及方法

① 正式焊接前应练习，掌握焊接方法后再正式焊接。

② 在焊接前，烙铁应充分加热，达到焊接的要求。

③ 用内含松香助焊剂的焊锡进行焊接，焊接时锡量应适中。

④ 焊接时两手各持烙铁、焊锡，从两侧先后依次各以 45°角接近所焊元器件管脚与焊盘铜箔交点处。待熔化的焊锡均匀覆盖焊盘和元件管脚后，撤出焊锡和烙铁头。每次焊接时间在保证焊接质量

的基础上应尽量短（5 秒左右）。时间太长，容易使焊盘铜箔脱落；时间太短，容易造成虚焊。

⑤ 沿管脚向上撤出。待焊点冷却凝固后，剪掉多余的管脚引线。

三、 DS05－7B（七管）超外差收音机的测量

在收音机焊接完成后，为了验证电路的工作是否正常，需要对收音机进行必要的测试，在本次组装过程中，主要的测试工作有（测试结果写在实习报告上）：

①各晶体管 e、b、c 三极静态工作电压测量。

②收音机整机电流及断点电流测量（在测量断点电流前断点电流测试点不应连接上）。

注：测量电流，电位器开关关掉，装上电池（注意正负极），用万用表的 50mA 挡，表笔跨接在电位器开关的两端（黑表笔接电池负极、红表笔接开关另一端），若电流指示 10mA 左右，则说明可以通电，将电位器开关打开（音量旋至最小即测量静态电流），用万用表分别依次测量 D、C、B、A 四个电流缺口，若被测量的数字在规定（参考电路原理图）的参考值左右，即可用烙铁将这四个缺口依次连通，再把音量开到最大。当测量不在规定值左右时，仔细检查三极管的极性有无装错，中周是否装错位置以及虚假错焊等，若哪一级不正常则说明哪一级有问题。

四、 DS05－7B（七管）超外差收音机的调试

①收音机统调是通过调试收音机的输入回路、本机振荡频率、中放回路的中频频率校正，从而达到在接收的频率范围内具有良好的频率跟踪特性。所谓跟踪是指在接收的频率范围内，当接收任一频率的电台时，本机振荡频率与要接收的频率通过混频电路后都输出标准的中频频率信号，在超外差 AM（调幅）波段中，中频频率为 465kHz。

②中波的频率范围是 535～1605kHz，本机振荡的频率范围为 1000～

2070kHz，收音机是通过一个双联可变电容来同时改变输入回路的谐振频率和本机振荡频率的，理想状态下，在选台时在整个波段的频率范围内，本机振荡频率与输入回路谐振频率之差应该在 465kHz 内。

五、 DS05－7B（七管）超外差收音机实际组装调整中易出现的问题

1. 变频部分

判断变频级是否起振，用 MF47 型万用表直流 2.5V 挡，正表笔接 V1 发射极，负表笔接地，然后用手摸双联振荡联（即连接 T2 端），万用表指针应向左摆动，说明电路工作正常，否则电路中有故障。变频级工作电流不宜太大，否则噪声大。红色振荡线圈外壳两脚、双联可变电容引脚均应折弯焊牢，以防调谐卡盘。

2. 中频部分

中频变压器序号位置搞错，结果是灵敏度和选择性降低，有时自激。

项目四　整机检验与包装

任务一　整机检验

一、整机检验

检验是指对实体的一个或多个特性进行诸如测量、检查、试验或度量，并将结果与国标、部标、企业标准或双方制定的技术协议等公认的质量标准进行比较，以确定每项特性合格情况，判定产品合格与否所进行的活动。

整机检验主要包括直观检验、功能检验、主要性能指标测试、外观检验、电气性能检验等内容。

1. 直观检验

直观检验的项目有：整机产品板面、机壳表面的涂敷层及装饰件、标志、铭牌等是否整洁、齐全，有无损伤；产品的各种连接装置是否完好；各金属件有无锈斑；结构件有无变形、断裂；表面丝印、字迹是否完整清晰；量程覆盖是否符合要求；转动机构是否灵活、控制开关是否到位等。

2. 功能检验

功能检验就是对产品设计所要求的各项功能进行检查。不同的产品有不同的检验内容和要求。例如，对收音机应检查节目选择、声音质量等功能。

3. 主要性能指标的测试

130

测试产品的性能指标是整机检验的主要内容之一。通过使用规定精度的仪器、设备检验产品的技术指标，判断是否达到了国家或行业的标准。现行国家标准规定了各种电子产品的基本参数及测量方法，检验中一般只对其主要性能指标进行测试。

4. 外观检验

一般用目视法对产品的外观、包装、附件等进行检验。

①外观。要求外观无损伤、无污染，标志清晰，机械装配符合技术要求。

②包装。要求包装完好无损伤、无污染，各标志清晰。

③附件。产品所需所有附件、连接件等齐全、完好且符合要求。

5. 电气性能检验

按产品技术指标和国家或行业有关标准，选择符合标准要求的仪器、设备，采用符合标准要求的测试方法对整机的各项电气性能参数进行测试，并将测试的结果与规定的参数比较，从而确定被检整机是否合格。

二、电子整机产品的例行试验

为了全面了解产品的特殊性能，对于定性产品或将长期生产的产品，需要通过进行规定的例行试验来验证。例行试验包括环境试验和老化试验。

1. 环境试验

环境试验是评价、分析环境对产品性能影响的试验，它通常是在模拟产品可能遇到的各种自然条件下进行的。环境试验是一种检验产品适应环境能力的方法，其内容包括以下方面。

（1）机械试验

不同的电子产品，在运输和使用过程中都会不同程度地受到振动、冲击、离心加速度以及碰撞、摇摆、静力负荷、爆炸等机械力的作用，这种机械力或能使电子产品内部元器件的电气参数发生变化甚至损坏。机械试验的项目见表4—1—1。

表 4—1—1　机械试验的项目

名称	方法	作用
振动试验	方法是将样品固定在振动台上，经过模拟固定频率 50Hz，振幅 0～5.2mm 等各种振动环境进行试验	振动试验用来检查产品经受振动的稳定性
冲击试验	方法是将样器固定在试验台上，用一定的重力加速度和频率，分别在产品的不同方向冲击若干次	冲击试验用来检查产品经受非重复性机械冲击的适应性
离心加速度试验	方法是将样品固定在离心加速试验台上，通过运载工具加速或变更方向时产生离心加速度	离心加速度试验主要用来检查产品结构的完整性和可靠性

（2）气候试验

气候试验是用来检查产品在设计、工艺、结构上所采取的防止或减弱恶劣气候条件对原材料、元器件和整机参数影响的措施。气候试验可以找出产品存在的问题及原因，以便采取防护措施，达到提高电子产品可靠性和对恶劣环境的适应性。气候试验的项目见表 4—1—2。

表 4—1—2　气候试验的项目

名称	作用	设备
高温试验	用于以检查高温环境对产品的影响，确定产品在高温条件下工作和存储的适应性	
低温试验	用于检查低温环境对产品的影响，确定产品在低温条件下工作和储存的适应性	

名称	作用	设备
温度循环试验	用于检查产品在较短时间内，抵御温度剧烈变化的承受能力及是否因热胀冷缩引起的材料开裂、接插件接触不良、产品参数恶化等失效现象	

（3）潮湿试验

用于检查湿热对电子产品的影响，确定产品在湿热条件下工作和储存的适应性。图4—1—1所示为潮湿试验设备。

（4）低气压试验

用于检查低气压对产品性能的影响。低气压试验是将产品放入具有密封容器的低温低压箱中，以模拟高空气候环境。再用机械泵降容器内气压降低到规定值，然后测量参数是否符合技术要求。图4—1—2所示为低气压试验箱。

图4—1—1　潮湿试验箱　　　　图4—1—2　低气压试验箱

（5）运输试验

运输试验是检验产品对包装、储存、运输环境条件的适应能力。本试验可以在运输试验台上进行，也可直接以行车试验作为运输试验。图4—1—3所示为模拟运输振动试验设备。

图 4-1-3　模拟运输振动试验台

（6）特殊试验

特殊试验是检查产品适应特殊工作环境能力的一种试验方法。特殊试验包括盐雾试验、防尘试验、抗辐射试验等项。该试验不是所有产品都要做的试验，而只对一些在特殊环境条件下使用的产品或按用户的特定要求而进行的试验。图 4-1-4 所示为特殊试验设备。

（a）盐水喷雾试验箱　　　　　　（b）防尘试验箱

图 4-1-4　所示为特殊试验设备

2. 整机产品的老化试验

功率老化检验又称寿命试验，简称老化试验。它是用来考察产品寿命规律的试验，是产品最后阶段的试验。它是在外加应力条件下，采用平均无故障时间（MTBF）作为评价产品可靠性指标的一种试验方法。寿命试验是在试验条件下，模拟产品实际工作状态和存储状态，投入一定样品进行的试验。寿命试验根据产品不同的试验目的，分为鉴定试验和质量一致性试验。

（1）鉴定试验

鉴定试验又称为定型试验或可靠性鉴定试验，其目的是鉴定生产厂是否有能力产生出符合可靠性指标要求的产品。

（2）质量一致性试验

质量一致性试验的目的是验证制造厂在连续批量生产时，能否维持鉴定试验所达到的可靠性水平（指标）。质量一致性试验为逐批检验和周期检验两种。

逐批检验的程序如图4－1－5所示。

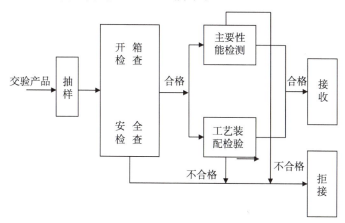

图4－1－5　逐批检验的程序

周期检验。周期的划分如下：

对于连续生产的产品，安全试验和电磁兼容试验每年为一周期，其他试验每半年为一周期。

当产品设计、工艺、元器件及原材料有改变化时，均应进行所有侧重的相关项目试验。

对于没有连续生产的产品，若间隔时间大于三个月，恢复生产时均应进行周期检验。

周期检验的项目和程序如图4－1－6所示。

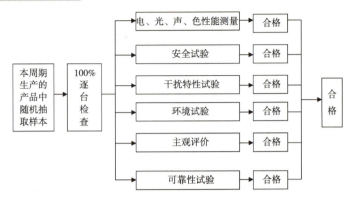

图 4-1-6　周期检验的项目和程序

三、电磁兼容性试验

电磁兼容性试验也称干扰特性试验。它是考核电磁干扰对电子产品的影响，确定电子产品在电磁干扰条件下工作的适应性。

电磁干扰是指引起电子产品（如调幅收音机、电视机等）功能损害的电磁噪声或不需要的信号。电磁干扰包括辐射干扰（指通过空间所传播的电磁干扰）和传导干扰（指沿着导体所传播的电磁干扰）两种。

为了保证电子产品在电磁干扰条件下正常工作，电子产品的干扰特性限额值必须符合有关的规定。例如，对于彩色电视机在 150～1605kHz 范围内注入电源的射频干扰电压，其频率范围在 500kHz、限额值小于等于 4dB 时，再有，本振和中频辐射干扰电压，频率范围在 300MHz 以下、限额值为 52dB 时，符合产品干扰特性限额值的标准规定。

任务二　整机包装

目前包装企业主要有半自动流水作业方式和全自动流水线方式，图 4-2-1 所示为全自动包装流水线。

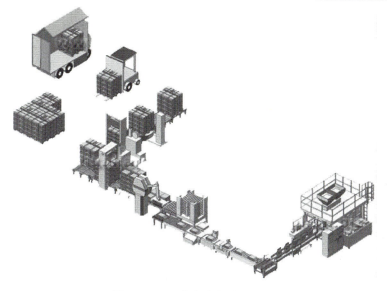

图 4－2－1 全自动包装流水线

一、 **包装的种类**

1. 运输包装

运输包装的主要作用是确保产品数量、保护产品质量，便于产品储存和运输，最终使产品完整无损地到达消费者手中。因此，应根据不同产品的特点，选用适当的包装材料，采取科学的排列和合理的组装，并运用各种必要的防护措施，做好产品的外包装。

2. 销售包装

销售包装即产品的外包装。它是消费者直接见面的一种包装，其作用不仅是保护产品，便于消费者使用和携带，还起到美化产品和广告宣传的作用。因此外包装要根据产品的特点、使用习惯和消费者的喜好进行设计。

3. 中包装

中包装起到计量、分隔和保护产品的作用，是运输包装的组成部分。但也有随同产品一起上货架与消费者见面的，这类中包装则应视为销售包装。

二、 包装的原则

①包装是一个体系。它的范围包括原材料的提供、加工、容器制造、辅件供应以及为完成整件包装所涉及的各有关生产、服务部门。

②包装是生产经营系统的一个组成部分。

③产品是包装的中心，产品的发展和包装的发展是同步的。良好的包装能为产品增加吸引力，但再好的包装也掩盖不了劣质产品的缺陷。

④包装具有保护产品、激发购买、为消费者提供便利三大功能。

⑤过分包装和不完善包装会影响产品的销路。

⑥经济包装以最低的成本为目的。只有适销对路，能扩大产品销售的包装成本，才符合经济原则。

⑦包装必须标准化。它可以节约包装费用和运输费用，还可以简化包装容器的生产和包装材料的管理。

⑧产品包装必须根据市场动态和客户的爱好，在变化的环境中不断改进和提高。

三、 包装的要求

①合适的包装应能承受合理的堆压和撞击。

②合理压缩包装体积。

③防尘。包装应具备防尘条件，使用发泡塑料纸（如 PEP 材料等）或聚乙烯吹塑薄膜等与产品外表面不发生化学反应的材料进行整体防尘，防尘袋应封口。

④防湿。为了防止流通过程中临时降雨或大气中湿气对产品的影响，包装件应具备一般防湿条件。必要时，应对装箱进行防潮处理。

⑤缓冲。包装应具有足够的缓冲能力，以保证产品在流通过程

中受到冲击、振动等外力时，免受机械损伤或因机械损伤使其性能下降或消失。

四、包装的标志

①包装上的标志应与包装箱大小协调一致。

②文字标志的书写方式由左到右，由上到下，数字采用阿拉伯数字，汉字用规范字。

③标志颜色一般以红、蓝、黑三种颜色为主。

④标志方法可以印刷、粘贴、打印等。

⑤标志内容应包括：

a. 产品名称及型号。

b. 商品名称及注册商标图案。

c. 产品主体颜色。

d. 包装件质量（kg）。

e. 包装件最大外部尺寸（$l \cdot b \cdot h$，单位为 mm）。

f. 内装产品的数量（台等）。

g. 出厂日期（年、月、日）。

h. 生产厂名称。

i. 储运标志（向上、怕湿、小心轻放、堆码层数等）。

j. 条形码，它是销售包装加印的符合条形码。

五、包装材料

根据包装要求和产品特点，应选择合适的包装材料。

1. 木箱

包装木箱一般用于体积较大、较笨重的机械和机电产品。但是，为了更好地保护环境，节约木材，现代化产品包装呈现日益减少木箱包装的趋势。

2. 纸箱（盒）

包装纸箱一般用于体积较小、质量较轻的产品（如家用电器等)。与木箱包装相比，其运输、包装费用低，材料利用率高，而且便于实现现代化包装。

3. 缓冲材料

缓冲材料（衬垫材料）的选择，应以最经济并能对电子产品提供起码的保护能力为原则。根据流通环境中冲击、振动、静压力等力学条件，宜选择聚苯乙烯泡沫塑料作缓冲衬垫。

4. 防尘、防湿材料

可选用物理化学性能稳定、机械强度大、透湿率小的材料，如有机塑料薄膜、有机塑料袋等密封式包装。为使包装内空气干燥，可放入硅胶等吸湿干燥剂。

六、条形码与防伪标志

1. 条形码

条形码为国际通用产品符号。为了适应计算机管理的需要，在一些产品销售包装上加印供电子扫描用的条形码。这种条形码各国统一编码，可使商店的管理人员随时了解商品的销售动态。

国际市场自 20 世纪 70 年代开始采用两种条形码对商品统一标识：UPC 码（美国通用产品编码）和 EAN 码（国际物品编码）。

EAN 的商品条形码有标准版（EAN—13）和缩短版（EAN—8）两个版本，如图 4—2—2 所示。

图 4—2—2　条形码

EAN—13 代码结构如下：

（1）字前缀（2～3 位）。字前缀是国家或地区的独有代码，由 EAN 总部指定分配，如美国为 00—05，日本为 49，中国为 690 等。

（2）企业代码（4～5 位）。由本国或地区的条形码机构分配，我

皆可利用此方式制造。

二、COB 封装与 Bonding 工艺简介

1. 扩晶

采用扩张机将厂商提供的整张 LED 晶片薄膜均匀扩张，使附着在薄膜表面紧密排列的 LED 晶粒拉开，便于刺晶。

2. 背胶

将扩好的扩晶环放在已刮好银浆层的背胶机面上，背上银浆、点银浆，适用于散装 LED 芯片，采用点胶机将适量的银浆点在印制电路板上。

3. 刺晶

将准备好银浆的扩晶环放入刺晶架中，由操作员在显微镜下将 LED 晶片用刺晶笔刺在 PCB 印制电路板上。

4. 固化

将刺好晶的 PCB 印制电路板放入热循环烘箱中恒温静置一段时间，待银浆固化后取出（不可久置，不然 LED 芯片镀层会烤黄，即氧化，给绑定造成困难）。

注：如有 LED 芯片绑定，则需要以上几个步骤；如只有 IC 芯片绑定，则取消以上步骤。

5. 粘芯片

用点胶机在 PCB 印制电路板的 IC 位置点上适量的红胶（或黑胶），再用防静电设备（真空吸笔或子）将 IC 裸片正确放在红胶或黑胶上。

6. 烘干

将粘好的裸片放入热循环烘箱中，再放在大平面加热板上恒温静置一段时间，也可以自然固化（时间较长）。

7. 绑定（打线）

采用铝丝焊线机将晶片（LED 晶粒或 IC 芯片）与 PCB 板上对应的焊盘铝丝进行桥接，即 COB 的内引线焊接。

8. 前测

使用专用检测工具（不同用途的 COB 有不同的设备，最简单的就是高精密度稳压电源）检测 COB 板，将不合格的板子重新返修。

9. 点胶

采用点胶机将调配好的 AB 胶适量地点到绑定好的 LED 晶粒上，IC 则用黑胶封装，然后根据客户要求进行外观封装。

10. 固化

将封好胶的 PCB 印制电路板放入热循环烘箱中恒温静置，根据要求可设定不同的烘干时间。

11. 后测

将封装好的 PCB 印制电路板再用专用的检测工具进行电气性能测试，区分好坏优劣。因在绑定过程中会有一些如断线、卷线、假焊等不良现象，而导致芯片故障，所以芯片及封装都要进行性能检测。